山东艺术学院科研成果出版基金资助项目

和谐栖居——齐鲁民居户牖

张勇 著

山东美术出版社

图书在版编目（CIP）数据

和谐栖居：齐鲁民居户牖／张勇著. --济南：山东美术出版社，2012.1
ISBN 978-7-5330-3696-6

Ⅰ. ①和… Ⅱ. ①张… Ⅲ. ①民居－门－研究－山东省②民居－窗－研究－山东省 Ⅳ. ①TU241.5

中国版本图书馆CIP数据核字（2011）第274622号

责任编辑：信　奇　李文倩
装帧设计：刘冠全
封面设计：孙迎峰

主管部门：山东出版集团
出版发行：山东美术出版社
济南市胜利大街39号（邮编：250001）
http：//www.sdmspub.com
E-mail:sdmscbs@163.com
电话：(0531）82098268　传真：(0531）82066185
山东美术出版社发行部
济南市胜利大街39号（邮编：250001）
电话：(0531）86193019　86193028
制　　版：山东新华印刷厂
印　　刷：济南鲁艺彩印有限公司
开　　本：787×1092毫米　16开　10.5印张
版　　次：2012年1月第1版　2012年1月第1次印刷
定　　价：48.00元

前记

齐鲁文化是中华文明重要的组成部分，集中体现了古代区域社会的思想、政治、经济、文化、军事等文明成果。其核心思想儒家学说，是我国封建社会传统文化的主体，对我国古代社会各领域的发展，产生过广泛而深远的影响。齐鲁文化内涵丰富，具有深厚的积淀，尤其充分表现在山东民俗文化之中。山东民俗既对齐鲁文化产生影响，又受到齐鲁文化的直接熏陶。民俗是一个地方人们生活的习俗、信仰和风俗的综合反映，是长时期形成的，也是一种积久成习的文化现象，所以民俗文化具有区域性和传承性的特点。传统民居是民俗文化的组成部分之一，它体现出民俗中物质文化与精神文化的重要内涵。

齐鲁民居浓缩了时代的特征，展现了山东古老的文化底蕴，从沿海到内地，从山区到平原，各地民居建筑形式多样。本书以民居户牖为切入点，从一个“门面”、一个“窗口”研究齐鲁民居的历史、文化在建筑艺术上的反映。《老子》道：“凿户牖以为室，当其无，有室之用。故有之以为利，无之以为用。”因为有了门窗以及四壁内的空虚部分，才具有了屋室的作用，在此“有”是实物的利用，“无”才是被使用的部分。因此，正是有了门和窗，房屋的空间才有意义，才适合人的居住需要。传统民居中尤其是大门往往是一个家族门第的表征，门庭若市、门可罗雀标志着一个家庭的兴衰、一个时代的变迁。而窗则是“建筑的眼睛”，有了窗，房屋才可以采光通风，“窗助户为明”。

民居建筑的门与窗，造型多样，装饰题材丰富，虽然总体形态、色彩不及官式建筑的华丽，但石雕、砖雕、木刻工艺各具特色，其细部装饰也往往不拘一格，千变万化。特别是民居门前窗外的附加饰品，更是一种文化的体现，它反映了在漫长的社会进程中，人们的精神需求在居住建筑上的外化。本书针对上述要点展开分析，努力从历史文化、区域环境、风土民情等方面寻找对民居的影响及其内在的联系。

重点在于展示各地现存比较有特色的老门户以及运用当地传统建筑材料和结构形式建造的新建筑，文字描述结合摄影、速写、测绘等图片形式，图文并貌，真实直观地反映全省各地传统民居的现状。针对民间各类门式类型，如牌坊门等作对比性研究考证。这种研究的目的和意义在于从传统宅居中充分感受不同地区和环境的民居以人为本的建筑特性，与社会、自然环境的相适应性。从户牖这个“建筑中不可或缺的元素”以及关心人的生存与生活的角度理解建筑民居，它包含了现代空间设计中的许多课题，如生态意识、场所感与适应性、风格与文脉的传承性等等。希望通过对本书的解读，使更多的人关注齐鲁民居建筑及其居住文化的传承与保护，并使其得以发扬光大。在现代城市化建设快速推进的过程中，能充分考虑给传统民居得以生存的空间。在各地定位城乡建设风貌时，能以特色民居建筑为一个参考依据，形成各具地域特点的城乡建设规划。

张 勇

2011年3月于山东艺术学院

目录

第一章 户 篇

我国早期的古文字属于象形文字，象形文字的主要特点在于用图像表达传意。象形文字起源于原始人类以图形记录事物的方式，而汉字的表意性就是以象形字为基础发展而成的。如，门的基本形象从甲骨文中就可以有所领略。汉字中门的繁体字为“門”，户的写法如“門”的半边，古时“一扇曰户，两扇曰门”。同时门与户也代表家的概念，人们称一家一户为门户，挨门逐户，安家落户……用门和户形容“家”的成语实在是太多了，从农家的院门到国家的国门，“门”是一道屏障，也是一种观念，更是一种文化。所以汉语中包含“门”、“户”的词汇就格外得丰富。随着时代的发展，门、户的含义则被广泛应用到新的领域，派生出更多的词汇，如，门户网站、热门专业、专业户、客户等等，门里门外构成了社会的万象，“门”的故事、典故总是引人注目，不一定哪天又爆出个“门”事件。而通过“门”演绎出的民俗文化现象，更成为一聚合的纽带，使越来越多的人关注中国建筑的门文化，从中也使我们体会到中国文化的博大精深。

第一节 门的建筑属性

一、门的实用功能

“门”首先是建筑物的出入口，从人类自主建造栖身之所起，便有了门的存在。无论何种建筑形式的房屋，都有属于自己的门，百姓有家门，帝王有宫门，有屋就有门，可以说，门代表了建筑的发展史。古人称“门”为“户”。“孰能出不由户？何莫由斯道也。”早在两千多年前，孔子就曾将自己的学说理论比喻成房屋的门，认为是人们行为规范的正确选择和必然途径。门既是建筑物的出入口，又是保护建筑内部空间的防护体，具有屏障作用，关上门可以不受外界的干扰，门加强了室内、院内或城内人们的安全感，正是有了门的防护，居家生活才能做到安居乐业，《释名》中曰：“门，幕障卫也”。同时门作为建筑内外空间的交汇处，具有划分空间、连接空间的作用。传统院落中，是门将各个建筑单体窜连成为有机的整体，使小院落组成大院落。有门才实现了人在各种建筑内外空间中的自如转换，从聚落到城市，人们的生存活动空间都是由门来划分和连接的。

二、门的文化内涵

人类自从进入阶级社会以后，统制阶层为维护自己的利益，逐渐建立起等级制度，并制定了许多的礼仪来体现和巩固等级的差别。这种礼仪等级制度，成为一种社会性的约束人的思想与行为的规范标准，限定、制约着传统社会生活的各个方面，从国家政体到日常的生活细节无所不包。成书于先秦时期的《仪礼》在《仪礼·士相见礼》中对宾主进门的位置都有规定，曰：“……主人揖（拱手礼），入门右，宾奉挚入门左”。《仪礼》成为儒家礼学最早的传书，礼学作为儒家思想的重要内容，对中国传统文化产生了深远影响。

礼制的核心就是等级与秩序，《左传》中说，“礼，经国家、定社稷、序民人、利后嗣者也，许无刑而伐之，服而舍之。”礼制是维系中国传统封建社会长期存在的基本体制，其思想内容和制度体系渗透到社会生活的各个领域，而在建筑中的体现，首先表现为大量礼制建筑的出现，例如，用于祭祀天、地、诸神、先贤等活动的坛庙，用于祭祀祖先的太庙与宗祠。礼制建筑代表了古代建筑的最高成就，礼制对中国古代建筑体系的影响是巨大的。

这种森严的等级标准将各种类型建筑的构造形态，包括细部构件的组成都纳入了限定范围。大门作为建筑的重要组成部分，具有特殊象征意义，自然更受限于古代礼制的制约。首先历朝历代对不同社会阶层建宅修门的构造、形式和规模有着明确的限定，只能建与其社会地位、等级相对应的大门，不可超越限定。唐代城市中，面向大街开门，还只是少数权贵人家的特权。一般官吏与普通百姓，则居住在高墙封闭的里坊内，行动受按时开关的里门限制。

长期以来传统观念中的等级意识直接体现在宅居的营造之中，尤其对宅门的构造与形式，被视做人的“脸面”，而倍加关注。因此上至权贵，下至商贾富户，在建宅造屋之时，对“门面”讲求要体现户主的身份和社会地位，由此产生的“门第观”代表着家的形象和时运，这正如《史记·孟尝君列传》中所言：“文闻将门必有将，相门必有相” 。同时“门第”也包含有家风和家室的道德规范等内容。久而久之，积俗成习，人们习惯用冠以“门”的词评述一个家族或家庭的现状。如：书香门第、门庭若市，门可罗雀等，就连儿女的终身大事也讲究“门当户对”，寻常人家期盼子孙能有一天“鲤鱼跳龙门”改换门庭，光宗耀祖。而由“门”衍生出的词汇就更多了，做事情要有“窍门”，学本事要投靠“师门”，武林中有“门派”之分，看破红尘的皈依“佛门”等等。其次，因“门”所产生的民间传统门文化，内容更是丰富多彩，由此而派生出的门前装饰，则充分体现了“门”所具有的能满足人们精神需求的功效，从春联、门神、倒福字，门前石狮、抱鼓石……掩上门说不完的故事，看不尽的门前景致。门文化给人留下太多的联想和回味。

在我国自古营建活动都与风水术紧密相关，风水术成为我国传统建筑文化中一特有的现象。一般认为风水观中包含朴素的自然观，体现了古时民智未开时期，在实践中所积累的处理人与环境关系的经验与方法，目的是寻求人与天地自然万物的和谐共生，强调的是人只有顺应自然规律，才能得以安居乐业，实现可持续的生存和发展。风水术十分讲究藏风聚气，宅门是纳气旺生的气口，故风水术视宅门为咽喉，得体的门户，是“天人合一”、不悖自然规律的。在位置的选择上《阳宅撮要》中说：“大门者，合宅之外大门也，最为紧要，宜开本宅之吉方。” 宅门的位置、朝向以及营造是决定住宅风水吉凶的重要因素，传统上民居院门的吉位是东南方向，只要条件允许都会将门开在此位置。在后天八卦中东南方是巽位，巽，有顺、入的意思。虽然在风水术中坐北朝南，是宅地风水中最基本的原则。但民居大门并不以正南的“离”位为首选，因为风水上认为“离”象征火，又代表太阳，有“明”的意思，此位置只适合官署衙门和礼制建筑的大门开设，过盛的阳气对宅居，特别是平民百姓则有“压不住火”之说。风水术在实际的运用当中，经历代阴阳先生的添加、演化，难免有许多的迷信色彩，但风水中对自然环境因素的考虑有符合客观规律性的一面，包括对传统文化的解读等，也有它一定的道理和准确性，这也是风水术之所以能在以往古老社会产生重要影响的原因之一。

我国传统民居具有十分丰富的物质与精神文化内涵，而且不同地域因环境、经济、文化、生活习俗和信仰的不同，形成风格迥异的民居建筑构造与形式，展现了各地民居建筑文化的多样性，揭示了民居的历史和发展规律，并体现了地方性特点及风俗民情。民居中所蕴涵的人性化处理和对文化的传承性、建筑元素的艺术化表现以及造房理念与环境的适应性等从多个方面为我们诠释了当今建筑设计的许多基本原则。

第二节　齐鲁民居的门

一、齐鲁民居门的形式概述

山东地域辽阔，历史文化悠久，山东民居依托齐鲁大地丰厚的文化底蕴，在漫长的历史进程中，各地形成了具有不同时代与地方特色的民居建筑形式。山东民间宅居总体上来说是北方四合院形式，各地民居大门种类繁多，形式多样。常见的以金柱大门、蛮子大门，如意门和小门楼等为主，但特点在于门的装饰内容与形式，充分体现出山东浓郁的民俗民情和民间传统艺术文化特色。其次，山东各地民居中相当一部分根据当地的自然条件，充分利用当地资源，宅居门式的形态和材质也不拘一格，各有千秋。这种不太受清规戒律制约的现象，展示了各地民居建筑的灵活性与多样性，体现了与官式建筑的差异。

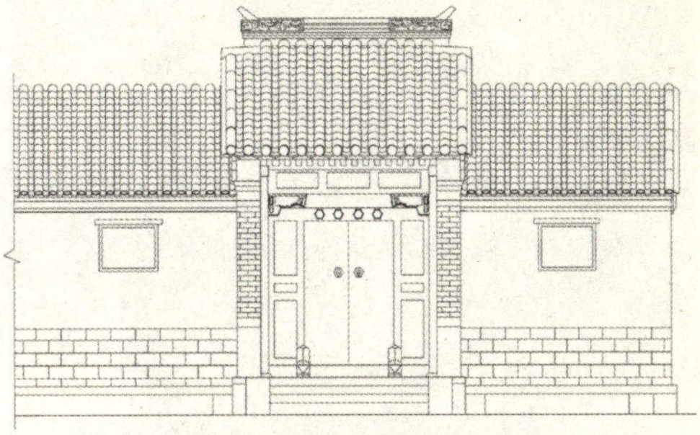

图1-2-1 金柱大门立面图

金柱大门（见图1-2-1）是四合院大门的常用形式之一。最具代表性的是北京四合院的金柱大门，其形式与广亮大门相近，区别在于金柱大门的门扇安在檐柱与中柱之间的金柱上。（广亮大门的门框则安在中柱的位置），占据一个开间，门前的过道较浅，门里的过道较

图1-2-2

章丘刁镇旧东村孟氏故居大门，该宅建于民国时期，主人与旧西村的孟洛川分属孟氏家族中不同的支系。门前原有的木挂落已缺失，再无任何装饰性雕刻构件，屋顶青瓦拼花的正脊、垂脊朴实秀美。

图1-2-3

章丘民居的屋宇式大门，外表看似金柱大门，实则并不是传统的木构架结构，大门没有架梁（抱头梁担在门框两侧的砖垛上），檩条搭在两侧的山墙之上，只是门前有前檐柱，但外观效果却丝毫不逊色。

图1-2-4

牟氏庄园中的金柱大门，大户人家的门面，材料、工艺等自然是比较考究。

深，（广亮大门由于立在过道的中间，里外空间一样大），金柱大门虽不比广亮大门宽敞气派，但也不失官家富户的体面。门前的附属装饰较之略高一级的广亮大门并不逊色。以我省民居大门看，金柱大门是大户院落门楼形式的首选。

蛮子门是南方商人在北方安家落户时常用的一种形式（以京城为代表），这种大门的门扇安在外檐柱上，所以，门外没有门洞，但门里的过道空间较大，常用来存放些物品。由于门扇、门框、抱框等木构件直接暴露在阳光下，容易受日晒雨淋的侵蚀。因此，构件的耐久性方面就比金柱大门形式的要差一些。虽然蛮子门比金

图1-2-5

蛮子门样式在济南老城区仅存鞭指巷11号院门一处。历史上山东几个商品贸易繁荣的城市，传统民居完整保存下来的并不多，所以蛮子门在省内也比较少见。

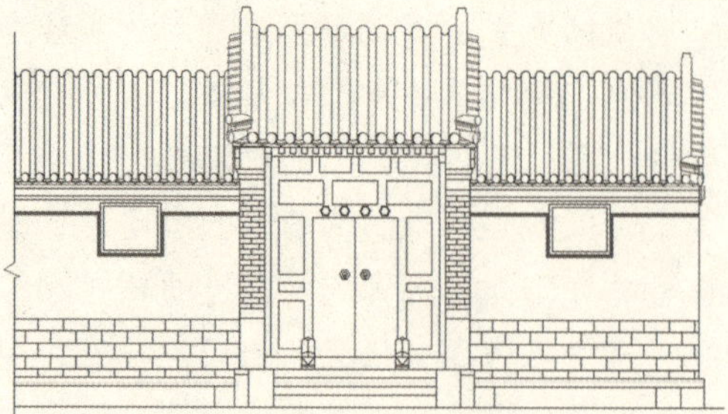

图1-2-6 蛮子门立面图

柱大门低一级，在外观气势上略逊一筹，但在省内各地，宅院能建蛮子门的也非普通百姓人家。

如意门的基本形式与蛮子门差不多，区别主要在于蛮子门的门洞立面由木构件组成，而如意门迎面看，门框两侧由砖墙封挡，中间两扇不大的门供人出入。如意门的形式多样，既有那种修饰复杂，追求华美的，也有素面朝天，不求粉饰的。北京城许多如意门，原本是广亮大门改的，而广亮大门本是官宦贵族人家才能建的院门。清代时，别说百姓，就是品级低的官员也不可以将其用于宅院大门，正因如此，后来的人住进广亮大门的院落时，就将门前木结构改成一堵砖墙，中间只留出一小门。我省的如意门是各地采用数量较多的一种大门，不过与京城的如意门相比，形制简陋许多，式样更不拘一格，装饰可繁可简，

图1-2-8

济南老城内民居的如意门，屋顶花脊形态舒展十分秀美，两侧山墙墀头下肩采用角柱石，上身用砖一卧一立砌筑，戗檐砖有少许装饰，这种形式的如意门也是济南老城区最普遍的。

图1-2-7

潍坊“十笏园”朴实无华的如意门，门楣部分是如意门主要的装饰点，往往引人注目。

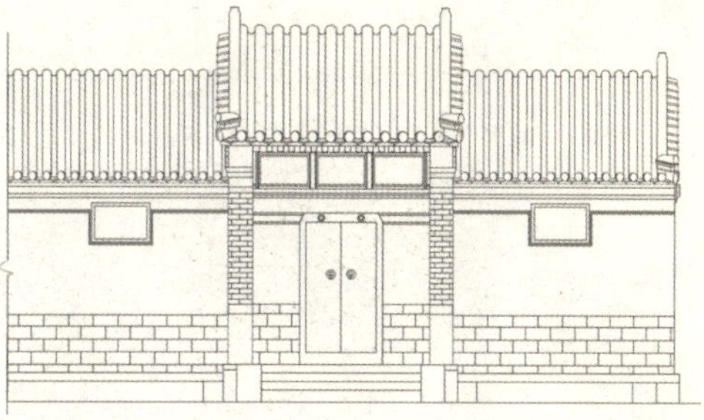

图1-2-9 如意门立面图

门前一般也少见门簪、门鼓石等装饰构件。总之，作为寻常人家的院门没有那么多的讲究，许多形式都是以主人的意愿而定，随心如意便是，经济实用为好。

随墙门是最简约的一种门式，一般为不占开间的小门楼形式，也没有过道，更简单的则是门上只做过梁，搭些檐瓦，或其他遮盖物，由于是最平民化的一种院

图1-2-10

章丘传统民居的随墙门，穿墙而出的挑檐石，特意抬高了屋顶的高度，使随墙门显得十分气势，门框上方采用规整的条石过梁，石活精细，是当地常见的结构形式。该门结构紧凑，形式简洁明了，保存完整，颇具地方特色。

图1-2-11

石岛民居的随墙门，门框用竹子制成，虽然当地不产竹子，但海边湿度大，用竹子做的门框实在是物尽其用又物美价廉，同时还有“节节高”的寓意。

图1-2-12

枣庄市峄城区榴园镇逍遥村民居十分简朴的随墙门，正脊中间竖立一“砂锅套”花瓦造型，脊的两端还用小青瓦组成花蕾状饰物，使简朴的小门楼平添了一份情趣。

图1-2-13

山里人家的院落，院墙就地取材用乱石垒就，墙上留个口装上门框、安上门板，然后在上面搭上一块青石板作顶子，一个随墙门就建成了，一切都显得那样的无拘无束，简单、随意，却让人感受到一种回归自然的亲切。

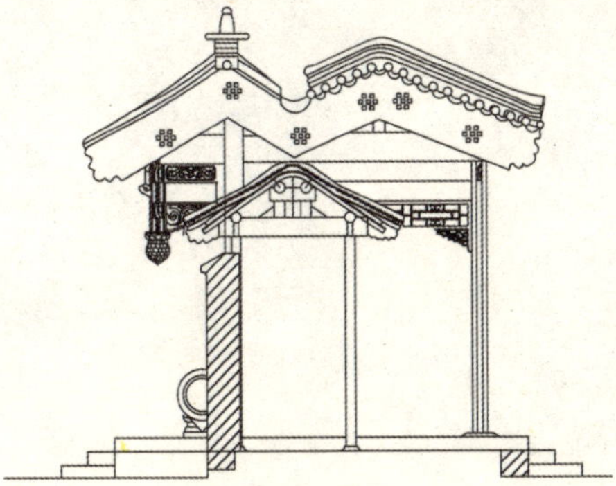

图1-2-14

一殿一卷式，是由两种屋顶组成，前檐为殿脊式屋顶，后檐是卷棚式屋顶。

图1-2-17

孔府仪门，单排柱担梁式垂花门形式。

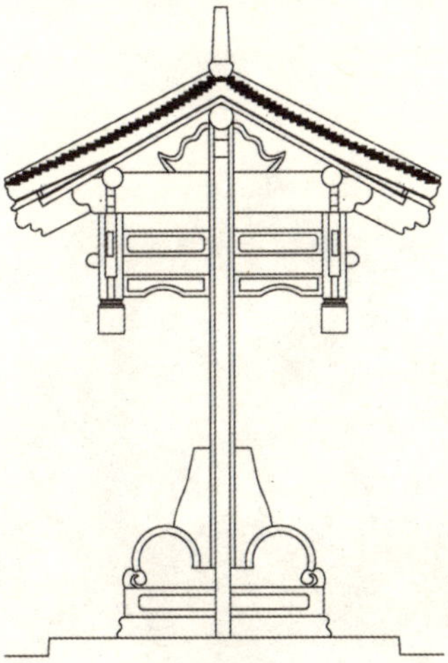

图1-2-15

单排柱担梁式，屋顶的构架梁横担在柱子上的垂花门。

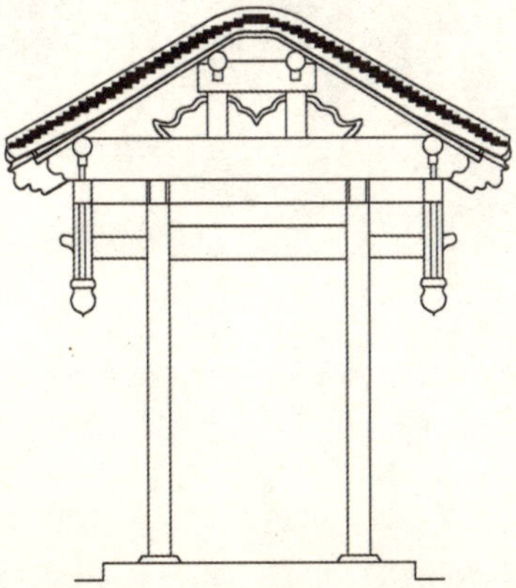

图1-2-16

多檩廊罩式，是指屋顶进深（横跨）与游廊宽度相同的垂花门。

门，在山东从山区到平原、从内陆到沿海、从城里到乡村，随墙门的数量最多，结构样式也更加繁杂，随墙门的建造简便灵活，最能体现各地民居因地制宜、就地取材的原则。

垂花门是四合院落内的一道门，俗话说的“大门不出，二门不迈”，“二门”就是指垂花门。它将四合院分成前后、内外两部分，内院是正院呈方形，外面是倒座院，是一个南北窄东西长的长条形院落。垂花门上的装饰往往十分丰富，垂花门的特点在于门口屋檐下，两侧垂吊着一对短檐柱，柱头做成莲花瓣、吊瓜或圆形、方形等形状，故也称“垂莲柱”是门前的主要装饰体，此外两个垂莲柱之间一般全是镂空的木雕纹饰，檐口板加彩绘装饰。四合院内的垂花门多为木构架，分前檐柱和后檐柱两排柱子，在前檐柱（或前中柱）子中间安装两扇板门，在后檐柱间则设屏门，屏门的数量四扇的居多，也有六扇甚至八扇组成的，屏门的门板多漆成蓝绿色。以往人家平常日子里屏门是不打开的，人进得垂花门后，向右或向左拐进入正院，只有重要宾客来临或逢年过节、家中喜庆之日等，才开启屏门。再者除传统四合院内设垂花门外，垂花门也常用做园林中园中园的入口，以及通道口和垣墙的隔门。类型上垂花门的正面样式基本大同小异，主要区别在于屋顶的构架不同，通常分为四种，即：一殿一卷式、单排柱担梁式、多檩单卷式和多檩廊罩式。目前山东省内现存完好的传统垂花门，大多是在旧时的权贵和富贾人家，只有在这些大户人家的多进院落中，才需要垂花门这种华丽的门式划分以及装点宅院空间。

山东传统民居宅院除上述几种门式以外，还有些比较常见的大门形式，如：门的过道占倒座的一个开间，而门的高度与倒座一样高的门房，这种如同在倒座房一侧开个门洞的大门，结构形式上，既可以是金柱大门样式，也可以是如意门等样式，做法上比较灵活。只是倒座房的屋顶就是门房的屋面，门洞处的瓦顶并不独立起高。其他形式的宅居大门还包括：部分城市中一些受西方建筑风格影响的中西交融的门式以及乡村间许多不拘一格的特色样式的宅门，虽然基本是上面所述这几种门式的变体、融合，但也正是这些多姿多彩的民间特色门式，构成了山东民居老门户的独特风采。

图1-2-18

牟氏庄园中的门房，大门做成蛮子门形式，蛮子门是南方来北方经商的人家常用的大门，建的起蛮子门一定程度说明宅院具有的规模和水平，但放在牟氏庄园中，实在不算什么。

图1-2-19

章丘区普集镇阳官村袭家祠堂，屋宇式大门，顶子不知何故改成平顶，并在屋檐处砌一半米高的女儿墙，大门两侧各接一个斜面八字的砖石墙，墙体类似廊心墙的一种作法，糙砌抹灰。该大门顶子的处理形式，显得不伦不类，这也许就是民居不拘一格的特性。

图1-2-20

济南自上世纪初开埠以后，受外来经济、文化的影响较早，现老城区一带曾经有许多受西洋建筑文化影响下的民居大门楼，多具有中西文化融合的特点。

二、传统民居大门的基本构造及装修概说

北方合院民居的大门从建筑形式上可

归纳为屋宇式和墙垣式两类。屋宇式大门，顾名思义就是具有房屋的特征，占据一个独立的房屋开间，如广亮大门、金柱大门、蛮子门、如意门等形式。我国传统建筑的主流类型是以木构架为主体，建筑由木架承重，而墙体只起到围合与分隔作用，所以墙体并不承重，这就是民间常说的“墙倒屋不塌”。由木构架承重的建筑，是指由柱、梁、枋、檩、椽构件组成房屋主体框架，木构架的结构体系主要分抬梁式与穿斗式两种。据有关考证抬梁式与穿斗式这两种结构形式，至汉代时技术上已趋于成熟，后广泛应用于民间建筑和宫殿建筑中。从我国目前保存下来的明清建筑来看，抬梁式木构架，主要应用于北方地区各类建筑的主体部分，而穿斗式木构架则广泛用于南方地区。以抬梁式为例，就是在台基柱础上立柱，柱上架梁，梁上置短柱，其上再支起短梁，然后梁上架檩，檩上架椽，层叠而上。这种木构架的特点是，不仅增大了建筑的空间跨度，而且能最大限度的减少室内柱子的数量。室内空间也可以根据需要进行砌墙围挡、开窗留门，使得建筑空间体现出更大的灵活性。传统屋宇式大门的主体结构与房屋相同，抬梁式木构架，屋顶一般为五檩四架椽硬山式。简单的说以椽数计房屋的进深，源于宋《营造

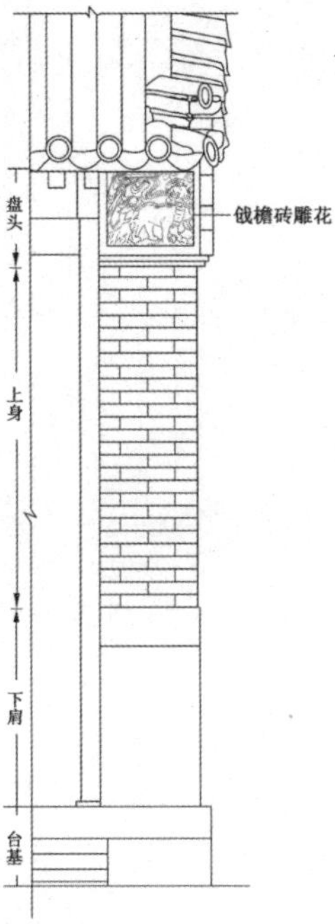

图1-2-21 墀头正面立面

法式》，清朝时改为以檩为标准。硬山式，是古建筑屋顶的形式之一，与悬山式的区别只在于，硬山屋顶不挑出山墙，而悬山式屋顶挑出山墙，这两种屋顶形式常用于民居建筑，在北方院落中房屋则多为硬山式屋顶。此外硬山式房屋的山墙墙体延续到檐柱以外，这部分称为墀头，是悬山、或庑殿式及歇山式等建筑所没有的，为硬山式山墙的一特有结构，墀头由三个部分组成，由下往上分别为：裙肩（也称下碱、下肩）、上身、盘头。在屋宇式大门前其中盘头部分的戗檐砖雕刻装饰，往往是一重要看点（见图1-2-21）。至于墙垣式，则是直接在墙上开门。

清式建筑做法称小木作为装修，分外檐装修和内檐装修，外檐装修指建筑外观的装饰装修，内檐装修如现代所说的室内装修。传统上对于屋宇式大门的木装修，一般包括槛框，这是门的木外框，其中横木构件称做“槛”，竖木构件称为“框”。由于“槛”的应用位置的不同，又分为：上槛、中槛、下槛。“框”也按其位置的变换分为：抱框、门框、间框。院落大门槛框内装的门扇基本都是较坚固的板门，其他还包括走马板、余塞板、腰枋、连楹、门簪、门枕等构造与装饰构件。（见图1-2-22）

抱框。抱框是紧贴柱子安装的竖框，“通天框”指位于上下槛之间抱框；中下槛之间的称长抱框；上中槛之间的称短抱框，也有将前两种合并称呼的。

上槛。槛框最上边的横木为上槛。贴檐枋下皮安装。宋代称“额”或“腰串”。

中槛。中槛是位于上槛与门扇之间的横木，有的地区也称“照面枋”。

下槛。下槛就是俗话说的“门槛”。

走马板。走马板是安装在大门上槛与中槛之间的固定隔板，一般常分成三格，但也有例外，主要根据材料和大门立面整体装饰效果而定。

余塞板。余塞板是镶嵌于门框与抱框之间的木档板。

腰枋。 腰枋将大门门框与抱框水平连接起来的构件。

连楹。连楹安装于中槛内侧，用以安装门扇的构件，是固定门轴的横木。

门簪。门簪是将连楹木固定在大门中槛上的连接构件。

门枕。门枕是指用于固定大门门轴下端的木构件或石构件。用木做的叫“木门枕”，用石做的叫“门枕石”。

此外传统建筑中常见的板门包括，实榻门、棋盘门、撒带门、屏门等。实榻门是宫殿、庙宇、王府等建筑上的大门，在几种板门中是最坚固的一种，其门心板一般厚约6厘米至10厘米，与门边厚度相当，加上门钉、铺首、包叶等门扇配件，更显门中王者尊严。“棋盘门”，是指门心板四边有边框，门板的背面用3根至4根穿带（横木）将板与边框拼合固定在一起，因横木将门的背面分成格状，形如棋盘，因

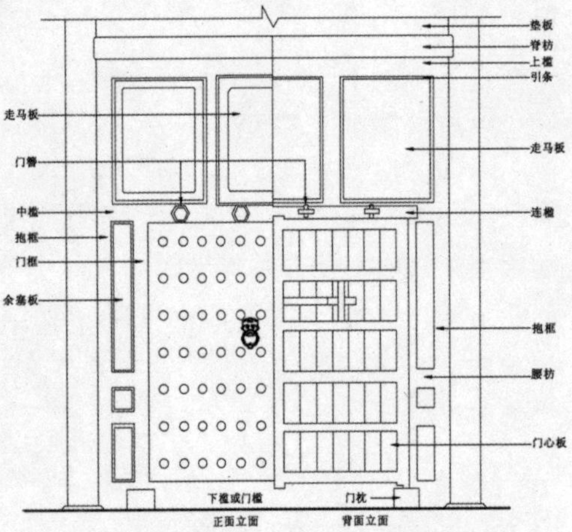

图1-2-22 清式大门装修（板门）

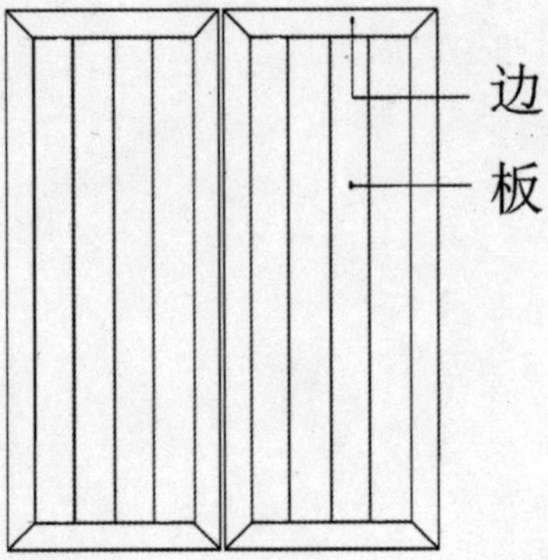

图1-2- 23 屏门

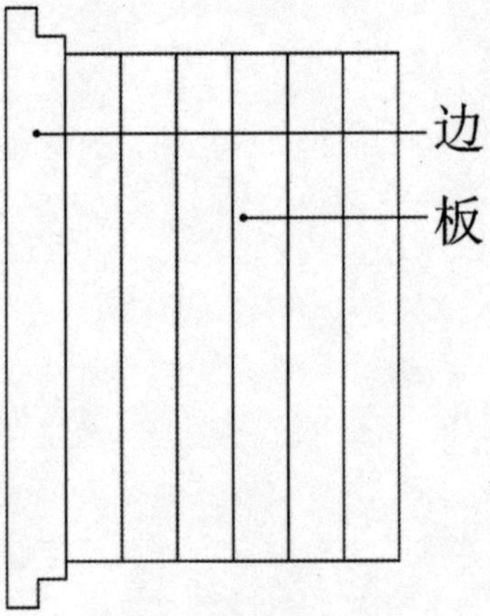

图1-2- 24 撒带门

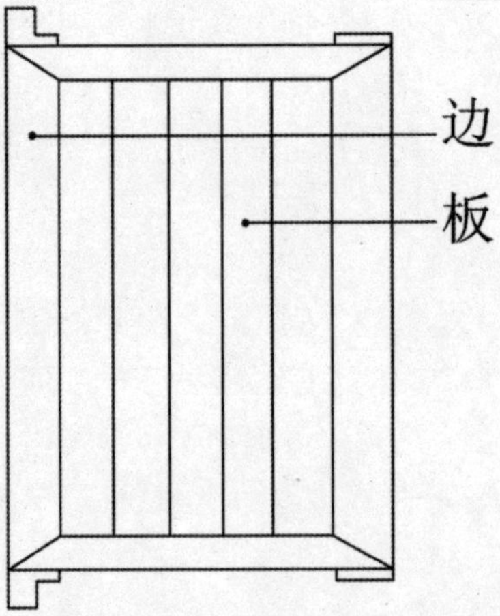

图1-2-25 棋盘门

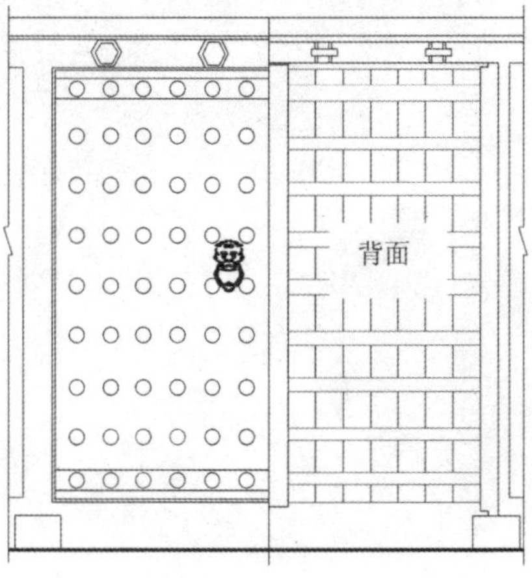

图1-2- 26 实榻门

此得名，这种门还有称“攒边门”的，也是根据门的四边用厚木板攒成边框，故称“攒边门”。“撒带门”，没有外框，只在门轴一侧有一大边，是将门轴大边和镶拼门心板用穿带锁合连接组成。“屏门”多用于院内随墙门和垂花门上，门板较薄，特点是一般没有门边和门轴，多用铁件作门的开合构件。

属于小木作范围的木装修还包括房屋外檐的隔扇门、支摘窗以及内檐（室内）的花罩、隔扇、博古架、天花藻井等。院中的木栏杆、檐柱间的楣子等也在其中。

第三节 齐鲁民居传统门饰特色

民居门饰是指包括门前、门上等建筑入口处的实用和附加装饰品，是装点门户烘托氛围的重要手段，与建筑入口的形式、材质共同完成“门脸”形象的塑造。门饰主要体现了民间居住习俗中的一些文化现象，是人们精神需求的一种表达，反映了居住者的心愿和期盼。门饰还与当地民间艺术的特色密切相关，是许多民间艺术和工艺在建筑中的直接展示。山东有着悠久的历史和深厚的文化底蕴，民间艺术更是丰富多彩，这就使传统门饰的产生与发展有了坚实的基础。

一、门枕石

门枕石俗称门墩石，是一种固定门轴和稳固门扇的结构性石构件，石上凿有轴窝（俗称海窝）。门枕石也是传统民居大门前的装饰重点之一。寻常人家用加大门枕石的办法来装点门面，再者如果将门枕石门槛外部分升高做大，就成为大门外两侧具有装饰性的石构件——抱鼓石了（也称门鼓石）。抱鼓石也可以视为门枕石的稳定构件，使得门枕石加大后既稳固又具有装饰性。抱鼓石的形状有两种，一种是“圆鼓子”，一种是“方鼓子”。圆鼓子是由上下两大部分组成，上部是侧立的鼓形，下部是须弥座。圆鼓子一般多用于大宅门的两侧，高度大约在70厘米至90厘米左右，对于有权有势的大户人家，门前的抱鼓石自然十分讲究，尺寸也更大

图1-3-1
济阳举人王村民居。

图1-3-2

图1-3-3

济南万竹园张府门前的抱鼓石型制最高。相对一般门墩石上的狮子造型，张府门前的石狮尺寸要大许多，一雄一雌神态生动，雕工甚细，封建社会中，府邸门前的雄狮雕刻是权利的象征，而雌狮则代表家族子嗣的兴旺。此外该门墩石的立面上还雕有“封侯挂印”，“富贵喜庆”（牡丹、喜鹊）“多子多富、喜笑颜开”（喜鹊、开口石榴）等吉祥图案。需要说明的一点，人们常见的府衙、寺庙等大门前摆放的独立瑞兽，如狮子、鹤、麒麟等等，都属于抱鼓石的另一类型，是门墩的特殊变体，山东省内的民居大门前较少见原配的独立瑞兽，而在门墩上雕狮子是常见的一种装饰形式。

图1-3-4-1

图1-3-4-2

在济南现存传统民居中，张府的门枕石雕刻最为优美华丽，并且数量也多，府内几乎有门即制。张府二门前的一对“幞头鼓子”竹节边框，倒垂的三角形包袱角内分别雕饰有瓜、蝶、葡萄等组合纹饰，造型细腻逼真，其他石雕纹样还包括折枝瓶花、文房四宝、博古花架等，使得门鼓石整体充满了浓厚的儒雅之气。

一些，圆形鼓子的表面多有雕刻装饰，图案极具观赏性，题材多是吉祥寓意或祈福求禄的内容。方鼓子（幞头鼓子）尺度相对圆鼓子小一些，顶端也常刻有卧狮，多用在众多小四合院（三合院）院门的两恻，雕刻纹样可多可少，表现手段自由，内容丰富多样。“幞头”原指古人经过加工后包在头上的布巾和“纶巾”等，都可视作“冠”，应等同于如今的帽子，将方鼓子称“幞头鼓子”也是一形象的比喻，只因方鼓子上常刻有倒垂的三角形“包巾角”，故得此名。

受等级制度和封建等级思想的制约，宅门的构造与形式以及门前装饰，当然也

图1-3-5

张府西院第三进院落（祠堂）前是一垂花门，其门枕石体态虽不大，但雕刻内容却为名人典故，一幅是“米元章爱石”，表现北宋书法家米芾爱石如痴的故事。另一幅应是表现宋代思想家、理学家周敦颐，字茂叔，以爱莲著称，他的“出淤泥而不染，濯清涟而不妖”已是千古名句，一向是后人对廉洁自律、洁身自好行为的一种赞誉。

图1-3-6

张府内门前石雕刻内容十分丰富、题材广泛、数量众多，其中尤以人物造型见长，这与一般民居的门枕石刻有较大的区别，雕刻形式也多为高浮雕与浅浮雕结合运用，技艺娴熟、造型生动。

不能有例外，也都应遵循和符合等级礼制要求。大门往往是一个家族（家庭）门第的象征，上至权贵下至商贾大户，在营建府宅之时，对“门面”讲求要体现户主的身份和社会地位，而对于一般的富裕人家和平民百姓，要想装点门面，又要避免逾制之嫌，就要想各种办法，这其中之一就是加大门枕石，加大后的门枕石给人感觉十分端庄沉稳，宽大规矩的立面，再雕刻上各种吉祥图案，则显得既美观又得体。

济南历城区董家镇葛家庄某民居大门前的门枕石尺寸超大（50厘米×50厘米×45厘米），显得非常稳重敦实，硕大的门枕石为大门增色不少，成为其一大亮点，该门枕石为一整块青石加工而成，表面打细道均匀、直顺，道线排列具有方向变化，形成编织纹理效果，其次门枕石的两个上角做刻线饰角，如同家具的金属镶角，也较别致（见图1-3-8）。与门枕石相配的门槛高54厘米，尺寸上也属超常规。材质上山东民居大门的门槛有木质和石质的，以木质的最普遍，该木质门槛由数块板拼接制成，宽大厚重，像一道壁垒横在入口处，出入大门者就需要放慢脚步，高抬腿才能跨过去。这一拦一档也体现了民间入户直冲直入的忌讳，当然贵客临门主家将门槛抽出，就畅行无碍了。从拦到通，门槛反映的是礼仪的需求，在陌生人面前，横卧的门槛就是一种提醒和警示，而在宾客面前开启的门槛便是一种礼遇了。

在旧时，民居大门的门槛是户主人地位和实力的展露，门槛的高低变化是具有象征性的，官家、商家等因具有一定的地位与实力，喜欢将门槛做的高些，门槛的高度也就成为大户人家身份与地位的一种象征。因此门槛与门鼓石等门前装饰构

图1-3-7-1

图1-3-7-2

狮子、书、绸带，表示的是“诗书传代”，盼望子孙读书上进求仕途。狮子的谐音还构成如：两个狮子在一起，寓意“事事如意”，狮子和绶带的寓意为“世代相传”。

图1-3-8

济南民居门枕石上精心雕刻的纹样，作为门前装饰，门枕石加高加大，效果引人注目。

图1-3-9

山东龙口丁氏故居抱鼓石的圆鼓顶端有一蹲狮，鼓面雕刻“麒麟祥瑞”等图案，圆鼓下面为祥云花纹衬托，须弥座雕有牡丹与芙蓉、鹤等动植物组合的吉祥纹样，抱鼓石整体雕刻疏密有秩，雕工精良，造型优美大方。

图1-3-10

山东龙口丁氏故居圆形抱鼓石的鼓面雕出一朵盛开的牡丹花，似乎在迎风转动，极赋动感和神韵另外圆鼓子的正面雕有一狮头形的把手，同样生动有趣，不禁使人想到鼓的各种作用，战场上的催阵鼓、礼庆时的欢乐鼓衙门口的状告鼓，演变到宅居门前的石鼓子，生活中“鼓” 的作用因人的需要在不断的变换着角色与形式。

件，都是大户门面的重要组成部分。

此外，从比例关系上，门槛的高矮需要和大门的样式、尺度相协调，大门楼小门槛不只是有“失体面”，而且比例也不和谐，而那些高门大户的建造当然非平民百姓能力所为。时至今日，人们仍习惯用“门槛高”来形容入门不易的领域和部门。

封建社会中，民居大门前立圆形鼓子是功名和地位的象征，圆鼓子尺寸高大，形态张扬，透着一股霸气，非一般人家所能受用。我省现存传统民居当中，也只有屈指可数的几个大的封建地主（官商）庄园门前立有符合型制要求的圆形抱鼓，而牟氏庄园的抱鼓石就是其中的佼佼者，其一，庄园的抱鼓石比通常的抱鼓石尺寸上要大出许多；其二，牟氏庄园的抱鼓石上的图案是很少见的人物造型雕刻，内容包括祈福类的麒麟送子，传说类的姜太公钓鱼等，且雕刻工艺一流，形象塑造无可挑剔；其三，圆鼓下面的荷叶形鼓托造型十分生动，形态优美动人。综观牟氏庄园的抱鼓石从构思立意、题材组合到雕刻成型，都堪称完美，也属省内现存型制最好的圆形抱鼓石。（见图1-3-11）

章丘相公镇桑园村某人家民国时期的老宅，门前的圆形鼓子，形态上看有些寒酸，也似乎不成所谓的体统，不过这种不受清规戒律制约的现象，在各地民居建筑中也不足为奇，尤其到民国时期就更没有那么多的讲究了。该抱鼓石小巧别致依然不失为一种情趣，抱鼓石高50厘米，鼓直径24厘米，鼓面雕有云鹤图案，其云鹤造型夸张，构图饱满，形成一优美的圆形适

图1-3-11

栖霞牟氏庄园的抱鼓石，比一般抱鼓石的尺寸要大出许多，雕工更精细，用料更讲究，不愧是显赫一时的超级大户。

图1-3-12

现章丘地区乡村中还有数量可观的老宅老户，虽然大多是民国时期的建筑，但作为民居能保留至今也属不易，尤其是门前的“三雕”装饰构件，许多造型独特，工艺大气，体现出较高的艺术水准。

多宅居大门前都有抱鼓石，在村中一户人家大门前的方形抱鼓石，整体看高浮雕造型，简约大气又十分别致，幞头部分处理成一八仙桌形象，给人感觉很亲切，也似乎昭示着这家的主人是热情好客乐于交友之人。两个方鼓子的底座部分，只在正立面刻有图案，虽然图案纹样局部有残损，但其中的香炉造型清晰可辩，香炉的使用在我国有悠久的历史，这种源自古代青铜鼎的器物，在日常生活中不仅作为人们焚香用的器具，也具有吉祥之意，常被用做门前各部位的装饰纹样，因为人们相信香炉能镇邪能保门户太平（见图1-3-13）。由于地缘关系，济南和章丘两地的民俗民风一脉相承，旧时有许多的章丘人在济南做生意，或在济南生活，体现在居住文化上，许多的共同点，济南老城一带的传统民居，门前有方形鼓子的，造型上多与章

合纹样，而圆鼓下面的底座上（不是常说的须弥座造型）则雕刻有升腾的祥云，将圆鼓托起，整体效果匠心独特，形象处理简洁概括，连贯衔接，犹如一气呵成，使得该抱鼓石虽无八面威风的气势，但却显得颇具精气神。（见图1-3-12）

章丘普集镇博平村传统民居大门两侧的抱鼓石又别具特点，博平村现在还存有多处传统老宅，老宅多为小四合院，屋宇式大门。房屋多为抹白灰的土坯墙面，只在房屋四角和门窗口处砌砖垛，给人感觉多少有些粗糙。而家家户户的大门楼则显得工艺和材料考究了许多，土坯的山墙外面再用由炉渣加白灰制成的砖砌筑，这种自制的砖比较耐潮、耐风化，日久天长表面呈土红色，与青石、青砖构成当地院门秀美的色彩效果。

村里门前的石活十分引人关注，许

图1-3-13

门前设方形鼓子作为装饰，在章丘许多乡村人家的院门前，还常见这一传统的石构件，做工上并不追求华丽，而是体现出一种简约大气的风格。也是由于许多乡村位置比较偏僻，没有紧跟社会潮流，所以还能保留下一些传统的装饰构件。

图1-3-14

济南双忠司街民居大门楼前的方形鼓子形态，在同型制的抱鼓石当中属佼佼者，该方鼓子的特点是将多个吉祥寓意纹样集中雕刻在抱鼓石上，一幅幅优美的图案，丰富了门前的视觉效果。

图1-3-15

潍坊当代抱鼓石，与传统的工艺水平存在不小的差距。

图1-3-16

这种称滚墩石，常见于垂花门上，是将一块石料雕成前后两个鼓形，圆鼓上开槽，并用木卡板连接在鼓与柱之间。

丘的门鼓石风格相似，有些则基本一致，只是在细节上有所变化，如鞭指巷11号院的门鼓石，其简约的风格样式在章丘就常见到。济南民居门前有的为方形鼓子雕刻，纹样变化较多，内容也比较丰富，双忠司街民居大门楼前的方形鼓子，形态端庄，在同型制的抱鼓石当中，艺术水准上乘，其两个主要看面都雕刻有装饰图案，虽然受损严重，但依然大体可辨认出内容多是吉祥寓意的形象组合，画面构图优美，造型生动，雕工技艺娴熟，表现手法灵活多样，形象磨光则恰到好处，图案纹样组成十分丰富。目前尚能解读的具有吉祥寓意的动植物纹样包括梅、兰、竹、菊，荷花、牡丹，梧桐、松树，公鸡、天马、禽鸟等，反映屋主人求吉纳福的美好期盼。（见图1-3-14）

通过以上选取的部分典型例证可以看出，山东地区传统民居门枕石雕刻包括以下两个特点：

第一，具有较高的艺术性。作为建筑的细部装饰，门枕石雕刻与木雕、砖雕一同构成了民居门前的重要看点，山东传统民居大门楼前的石雕是“门面”整体装饰的有机组成部分，其表现形式多样，主题突出，富于想象力。首先作为石刻浮雕，许多时候与绘画一样涉及一个共同点，就是对形式语言的组织问题，也就是构图问题，这一点在山东各地门枕石雕刻中运用的十分自如，示例中可以看到既有饱满的装饰性构图又有对称的图案纹样如花鸟画的折枝构图，较好地体现了内容与形式的完美统一，反映了齐鲁大地民间雕刻艺术悠久的历史传统和丰厚的文化积淀。再者从雕刻技法看，手段多样，技艺娴熟，山东门枕石雕刻工艺包含了《营造法式》中所述的四种雕刻技法，剔地起突（高浮雕）、压地隐起（浅浮雕）、减地平鈒（类似汉画像石的雕刻手法，也有称“线刻”）、以及素平（立面无雕饰），并且在许多雕刻作品中，是多种技法综合运用，这也从一个侧面显示了民间雕刻的高超技艺和石刻工匠的艺术造诣。还有就是不同地区储量丰富的石材资源的充分利用，如胶东的花岗岩，济南的石灰岩，为当地石雕提供了大量且优质的原料。在济南地区使用青石雕刻的历史可谓悠久，如清孝堂山东汉画像石刻，它不仅是悠久历史的见证，更是引以为豪的汉画像石刻艺术的精品。

第二，内容丰富主题鲜明。山东传统民居门枕石雕刻虽表现内容比较广泛，但主要是围绕吉祥与祈福这个主题，体现了当时人们的崇尚与期盼，内容题材包括花草果木、飞禽走兽、人物景物等，画面形象组合灵活多变，既有一物一景，也有多物成景的运用。目的是通过各种形象的有意组合，表达一种吉祥寓意，寄托祈富的美好心愿。所谓有图必有意，有意寓吉祥，各地传统大门前的门枕石图案，基本有此规律。表现寓意的方法，主要有：其一，借汉字谐音。如鱼（余）、鹿（禄 ）、蜂（封）、猴（侯）、蝠（福）、瓶（平）、镜（静）；其他如“喜上眉梢”、“连生（莲子）贵子”、“事事（狮或柿）如意”等等，都具有吉祥谐音。其二，传统吉祥图形。如梅兰竹菊（四君子）、松竹梅（岁寒三友）、荷花、牡丹以及珍禽瑞兽，博古图等多种。这类纹样主要体现了传统文化所倡导的人格品行，是一种品格精神的象征。其三，神话及历史故事。如“天官赐福”、“八仙过海”、“姜太公钓鱼”、“刘海戏金蝉”、“麒麟送子”等等。所有这些充分体现了民俗文化和民间艺术对传统民居建筑的重要影响，同时也反映了相同、相近的生活习俗，共同的古老文化传统使得各地门枕石雕刻内容题材具有齐鲁传统文化色彩，并且反映了一个时代的缩影。

二、门神

大门上贴门神是民间的一种传统习俗，门神被认为是镇妖驱邪的神衹，有它就可以保佑家门平安。一般认为这种习俗由来已久，最早源于古时桃木驱鬼御邪的神灵观，至秦汉时期这种观念更趋向形象化表现形式，门前立桃木人辟邪的风俗，由此演绎出神荼、郁垒两位神人惩治恶鬼的传说。关于神荼、郁垒，东汉王充的《论衡·订鬼篇》引《山海经》中的神话故事和应劭《风俗通义》中都讲到这个传说，大致内容相同：远古时，度朔山是鬼蜮的鬼门关，神荼、郁垒二神在一棵巨大的桃树下，把守鬼门关监视众鬼，众鬼只能在夜间出来，天亮前必须返回鬼蜮，一旦发现有祸害人间的恶鬼，神荼、郁垒就用苇子绳捆绑起作恶之鬼，扔到桃树下，让守护的猛虎吃掉。对于神荼、郁垒二神的信仰在民间一直影响广泛，起先是用桃木刻出神荼、郁垒像挂在门驱鬼辟凶，神荼、郁垒也就成了最早的门神形象。以后渐渐地由雕刻二神像，改成在门板上描绘出神荼、郁垒二神之像。最后随着纸的应用普及，神像就画（印）在纸上了，南朝梁宗懔在《荆楚岁时记》中写道：“造桃板著户，谓之仙木。绘二神贴户左右，左神荼，右郁垒，俗谓之门神”。历史上不同时期也出现过不同的门神形象，并且都有着各自驱鬼降魔的传说，广为人知的如钟馗捉鬼的故事，是说唐玄宗一次生病，经多方调治也未见好，一晚玄宗梦见一小鬼进宫盗宝，四处乱窜时，又见一面目狰狞之人前来捉鬼，玄宗忙问他是何人，那人答道是终南山人氏钟馗，因相貌丑陋考武举人不中，愤而不平触阶身亡，死后蒙先帝厚葬，现专抓恶鬼，誓言要替陛下铲除天下妖孽。玄宗梦中惊醒之后，发现自己的病已好了，遂命画家吴道子依其梦中所见画出钟馗像，诏告天下岁末年终，辞旧迎新之际挂钟馗像驱鬼镇邪，从此世人皆知钟馗是善于捉鬼的大神，钟馗也就成为受人尊崇的门神形象。此外，始于唐代的秦叔宝和尉迟敬德两位武门神形象，以及之后传说中的众多知名的门神人物形象，都是一种将人物神化的例子，并且多是人们心目中能为民锄害的忠勇仁义之士，关于他们能驱鬼降魔的故事，民间多有传说，流传很广，全是深受人们欢迎的各路神勇门神。门神既有除妖辟邪的武

图1-3-17 三星门神（清）

图1-3-18 五子门神（清）

图1-3-19

神荼、郁垒最早的门神形象，国内各地其形象造型各异，杨家埠的门神形象构图饱满，色彩艳丽，突出其装饰性和优美的一面，很好的营造了祥和、喜庆、平安的节日气氛。

图1-3-20

家门平安也要“六畜兴旺”饲养家畜是自给自足社会，百姓人家重要的经济收益之一。是家财就需要请神来保护。

图1-3-21

杨家埠具有代表性的门神造型，“鞭锏门神”中的秦琼形象。经过长期发展，门神的艺术形象已十分完美，从人物造型的一招一式到色彩的运用，形成一套标准的成式化模式。

图1-3-22

武财神赵公明，骑着黑虎一手拿鞭一手托宝，民间最早的财产“保险单”。而对于财神的起源说，由于民俗的地方性特点，民俗文化具有鲜明的个性，正所谓“百里不同风，千里不同俗”。各地不同的财神传说当属正常，有一点是共同的，就是“财神”的出现，符合人们求财祈福的心理与愿望。

图1-3-23

潍坊杨家埠木版年画是我国著名的三大木版年画之一。造型质朴，线条流畅，富于喜庆色彩和装饰韵味，极具民间乡土气息。门神是杨家埠木版年画所表现的主要内容之一，与灶王、财神等统属祈福辟邪类题材。直到如今，岁末年初，人们在门上贴门神，成为一种传统习俗，门神一到，全家就能顺顺利利，平平安安。

图1-3-24

邹城孟府二门上的武门神以及仪门上的文门神，都是直接绘制在门上，且门神尺寸较大，视觉形象颇具冲击力。

将门神，也有寄托人们增福添寿、升官得禄的文官门神。可见，门神的内容与形式也是随着社会的发展，人的精神需求与实用要求而不断变化和丰富的。

渴望一个安定的生活环境是人的生存需要，生活中人们不一定对门神的历史都十分清楚，但有一点是肯定的，就是这种习俗本身反映了一种文化现象。而民俗文化的一个重要特性就是具有传承性，并普遍存在于人们的生活方式当中，人们从自身生活需要出发，乐于用这种具有装饰性的形象在装点门面的同时，寻求一种心理上的安慰，表达对追求幸福生活的渴望。山东的民间门神形象表现突出，造型夸张，色彩绚丽，构图饱满，至今每到岁末年初，在广大的城镇乡村，人们还习惯买幅新门神贴在大门上。门神的到来增加了年的喜庆气氛，也给人平添了欢乐的心情。

三、门联

门联也称对联，对联最常见的一种就是过年贴的春联，门前贴春联，左右各一幅，多有横批，是除门神之外又一贴在门上的装饰物，门神的作用是辟邪，春联则体现了生活安定后，人们对美好幸福生活的进一步需求。春节贴对联，是人们对新的一年的美好期盼。关于对联的起源一般认为和“桃符”有着密切的渊源，是由早先雕刻桃木人置于门前驱鬼辟邪的风俗逐渐演变简化而来，桃木能压服邪气，制御百鬼，从用桃木刻神荼、郁垒二神之像，悬挂于门前驱鬼，到后来由雕刻改为绘二神像，最后是将二神的名字写在桃符上，“桃符”就是桃木板，虽然过程变得简单了，但目的并没有改变，只是更加方便、便捷了，毕竟写字比雕或画要容易得多。不过只在桃符上写字还不能算是“对联”，对联讲求语言的对仗，可以说中国的古代辞赋诗文中的对偶句才是对联产生的母体，得益于汉语修辞手法，对联才发展成为独立的对仗文体，对联不仅是语言的艺术，也体现了汉字的书写艺术，集语言美和汉字的形态美于一体，是传统文化的瑰宝，至今影响广泛。对联最初产生于哪个朝代在学术界多有争论，无论怎样，对联的历史称得上悠久，至于五代时期就有后蜀主孟昶亲题的“新年纳余庆，嘉节号长春”的对联，通常被认为是最早的春

图1-3-25

孔府的门联黑底金字，与红边黑漆的大门以及门前的雕梁画栋，共同构成高贵华丽的视觉效果，处处显露官衙的气势。

图1-3-26

门前挂灯笼也是喜庆日子中的一种装饰，成语“张灯结彩”中的“灯”就指的是灯笼，古时灯笼除作为一般门前照明外，更多的与节日相联系，传统的“元宵节”主要活动之一就是观灯，古词句“东风夜放花千树，更吹落，星如雨。” 通过对灯火辉煌夜色的描绘，渲染了佳节的热闹场景。同时也提到了节日中，另一不可或缺之物焰火，这样声、色、光、形，就构成了中国传统年节中的主要造势元素。

图1-3-27

春节贴对联是城乡百姓过年时必做的民俗活动，尤其在广大乡村，家家户户都要将大红的对联贴在门上，也就是将自己的心愿表白于人前，图个吉祥。还有在纸上写个“福”字，倒贴在门上，表示福到了，这些习俗代表了人们一个共同的心愿，就是祈福纳祥，渴望幸福美满的生活。

图1-3-28

店铺的对联则体现了商家的经营理念。对联文字简洁精练，合辙押韵、朗朗上口，用在店铺门前不但具有广告宣传的效应，而且也是传统商业文化的一种展示，鲁商文化的特点就表现在儒商之道，是以诚信为本讲礼仪、有仁爱之心。

图1-3-29

今天的人们春节贴对联图的是个喜庆，也没有那么多讲究，红红的对联不只是贴在门扇上，门框以及门两侧的墀头砖墙上，只要高兴都贴上，这样就形成两重或三重对联，使的年味更加浓烈。

图1-3-30
龙口民居的春联尺寸一般比较大，门板有多高，春联就有多长。

联。宋代起木质题刻的桃木板（桃符）已比较普遍，王安石的“千门万户曈曈日，总把新桃换旧符”的诗句就是春节家家户户挂桃符的生动写照。从此，桃符除原有的辟邪作用外，随着文字的题写，演化出祝愿和期盼的内容，材料上也逐渐由纸上书写而取代。

经过了长期的发展，对联的内容越来越丰富，其用途也因不同的事情和需要而定。从人们的乔迁之喜、娶妻嫁女、到商家的经营箴言，处处都用对联表达一份真情实感。对联讲究文辞语言精练、高雅，立意隽永，人们常喜欢通过对联表达自己的心愿和追求。山东有着丰厚的文化积淀，传统的耕读思想根深蒂固，民间十分注重住宅中文化品位的营造。对联内容首先有治家教化类型的如“耕读世业，勤俭家风”，有处世格言类型的如“扫地焚香德清福，粗茶淡饭足平安”，还有写景引典的如“庭有余香，榭草郑兰窦桂树；家无别况，唐诗晋字汉文章”等等。对联既有高雅的一面也有通俗的一面，体现了雅俗共赏的特点，语言上“俗”也好只要押韵，书写上“丑”也罢只要高兴，这也使得对联具有广泛的社会性。同时对联不仅有文学性创作严谨的一面，也有借语言文字进行笔墨游戏的特点，在曲阜孔府的大门前有一副对联，系清代文人纪晓岚所书，联曰：与国咸休安富尊荣公府第，同天并老文章道德圣人家。此联颂扬了圣人的“文章道德”，礼赞了孔家的“世代尊荣”，同时也是一幅别出心裁的残字联，联中的富字少上面一点，而章字的一竖通到了上面，这是借“富”和“章”字的形与义，来寓意“富贵无顶”和“文章通天”。体现了对联特有的幽默诙谐，而大才子纪晓岚正是这方面的高手。

民间门联的运用尤其表现在过年贴春联的习俗上，如以往胶东农村在大年三十这一天开始贴春联，大门上的对联诸如“天赐平安福，家和万事兴”，“忠厚传家远，诗书继世长”等，是体现家风门规的词句，而老人住的正房门上则常贴祝寿祝福的春联，其他的在影壁上贴“抬头见喜”，水缸上贴“源源不断”、“川流不息”等，牲畜圈贴“六畜兴旺”，就连大车上也贴些“日行千里，夜走八百”，之类的吉语，再就是要将福字倒贴取“福到了”的谐音。当地旧时还有贴上春联后，讨债的就不能进门了，因此欠债的人家贴春联最积极。到如今人们一直在延续春节贴春联的习惯，这也是家家户户忙年的一项固定内容，只是春联的词句更加简单、直接，四季发财、招财进宝、财源广进、鸿运、大吉等内容的语句往大红纸上一

图1-3-31

桓台民居门笺。门笺也称吊钱，有天上掉财之义，旧时不但春节时贴门笺，新屋建成时也有贴门笺的习俗。

图1-3-32

门笺是剪纸的一种，剪纸从用途上分，有窗花、喜花、墙花、灯笼等数种。

图1-3-33

青州寻常人家的门笺。 门笺上的文字简单明了，但十分提气、给力，生活离不开文字、门笺、门联都体现了汉语言文字的独有魅力。

图1-3-34

门笺不只是贴在门楣之上，也贴在窗户或佛龛前，虽然装饰形式较为简单，但内涵十分丰富。

图1-3-35

再简陋的大门过年时也要贴上新门笺、对联等，辞旧迎新。红红火火的色彩效果，也增添了许多欢乐气氛（临沂平邑），如今的门笺制作也同春联、福字一样，多为胶版印刷品，传统的制作方法已越来越少了。

图1-3-36

对联、门笺和倒贴的“福”字，装点了门户，表达了美好心愿。

写，贴在门上，虽然算不上高雅，但要得就是这个心气，图的就是个吉利。

四、门笺

民间过春节有在门楣上贴“门笺”祈福求吉的习俗，盼望来年家门顺顺利利、吉祥如意。门笺是剪纸的一种形式，有多种称呼如挂签、挂千、门钱、门签等等，门笺一般贴于门楣之上，多为五张套，每张由膛子、边框、穗子三部分组成。膛子是门笺的中心部位，一般分两大类型，一是由动物、花卉、瓜果、蔬菜组成；二是结合文字，每个门笺上一个字组成，如“连年有余”、“四季平安”等吉语，中间一张选用福、禄、寿、喜等字。门笺的颜色有红纸和五彩纸两种，艳丽夺目，贴在门前，别具韵味。

我国民间盛行贴门笺已有悠久的历史，据说唐宋就出现了，清代时门笺已形成今天的式样。山东各地普遍有民间过年贴门笺的习俗，各地门笺也各有特色，鲁西南地区流行的是五色纸门笺，一套五张，从左至右门笺颜色分别是头红、二绿、三黄、四水红（粉红）、五蓝（或紫）排列，门笺的图案相同。莒县农村的门笺则是一套六张，大门前贴两排，象征“六六大顺”，紫色的门笺贴在门的东侧，蕴含“紫气东来”之意。鲁南和胶东地区的门笺，则多以较含蓄方式，以物代字表达寓意和祈望，如鹿和蝙蝠图案，用谐音，表达人们祈求“福禄”之愿，牡丹图案象征荣华富贵等。门笺形式简洁、内容丰富、易于制作，所以深受广大民众的喜爱，加之民间质朴的造型语言和娴熟的技巧，使其更富有装饰性，更显淳朴独特，形成了具有浓郁的山东地方特色的门前装饰品。

五、门钹与铺首

门钹是指门上拉环的金属底座，是民间传统大门上具有实用性的装饰物件，它的作用既增加拉环的美观效果，又因其形状和叩击时的响器之效，使人想起传统乐器中“铙钹”的形象，故称“门钹”。现在看响器的作用可称为是传统大门上的“门铃”。门钹的造型是中部隆起如球面，上有圆钮圈子，钮圈

图1-3-37

山东曲阜孔府大门上的铺首，金色的铺首在黑漆红边大门的映衬下，显得十分威严，据说这是狻猊铺首，狻猊是传说中龙生九子之一，形似狮子。只是传统官式建筑屋顶的垂脊（或戗脊）上，常设一排走兽，这其中就有狻猊，但不知是何时、何人又将其“安排”到圣府把守大门的。实际铺首的形象原本就具有综合性特点，人们不再乎似龙还是像狮，要的是威猛的兽头形象，满足镇鬼辟邪的心理需求。

上挂环或其他形状的金属片，形状除圆形外，还有多边形的，或其他包含有吉祥寓意的形态。

铺首是一种衔环的兽面形，铺首形象用于门上，可以追溯到汉代，在各地许多发掘的汉代墓室及出土的汉代画像石（砖）中都发现过，如山东嘉祥汉墓、河南南阳汉墓的汉画像石中就有铺首衔环的形象。汉代司马相如在《长门赋》中有：“挤玉户以撼金铺兮，声噌吰而似钟音，”描绘的是金铺（铺首）叩击时的象声写照，从中也可以看出铺首已出现在汉代建筑的门上。人们将铺首看做一种驱邪避祸的饰物，这与我国传统观念中相信鬼怪神灵之说有关，从青铜时代礼器上的兽面纹到汉代门上的铺首，不难看出两者之间所反映出观念的一致性。铺首一般为铜制，多表现有狮、虎、螭等兽面形象。关于门上铺首的原形，一种说法认为，铺首的原形是螺蛳，一生在自己的壳里，遇有危险将头缩回壳里，传说是鲁班在水边发现蠡（即一种螺蛳），就用脚将它的形象勾画在地面上，蠡发现鲁班后遂将头缩进壳里再也不出来了。后来，人们将螺蛳的形象演化成铺首形象用在门上，象征门户的安全与坚固。铺首的兽面形是椒图之说，也就是传说中的龙生九子之一，明代文学家杨慎在《艺林伐山》中说，“龙生九子不成龙，各有所好，”椒图，其形似螺蛳，性好闭，故立于门上。龙乃神物是万兽之首，将其子用于门上，守护家宅保佑平安就更万无一失

图1-3- 38

现今山东只有在城乡一些受保护的古建、故宅的大门上有时还可以见到铺首的形象， 这是潍坊万印楼，整修一新的铺首与门。从形态上讲，铺首最初应是从商周时期青铜器上的兽面纹变异演化而来，其后所形成的“铺首衔环”造型在古代许多的器物之上多有应用，其中的“环”在器物上是具有实用功能的附件。

图1-3-39

烟台市仓余街民居大门上的门环，门环的作用原就是关门时和敲门时方便，因美观需要才加设金属底座，后演变出各种形态。该大门的内角还镶包铁皮俗称“包叶”，上有少许装饰纹，是为减少门之间的磕碰损坏而设置的。

图1-3-40

受到门第等级观念的影响，民间宅门上的铺首，至多是狮虎形象。椒图兽面形民间比较少见，毕竟是龙族。在传统封建社会，不光是铺首形象包括制作的材料，门的颜色、门钉的数量等都有明确的限定，这些都是专制社会中等级制度的标识。图例是济南民居大门上的当代仿制铺首。

图1-3-41

聊城山陕会馆的板门，虽无常见的门钹和铺首形态，但镂花铁件加门闩造型颇具装饰性和实用性，此外该大门包叶的运用，十分精巧，一般包叶只用在扇门的内下角，做成葫芦形、如意形，或其他形状。会馆山门将金属镂花作为门面装饰的主要手段，结合门钉形成一幅精美的图案，强化了门面装饰的整体效果。

图1-3-42

牟氏庄园中的圆形门簪，红底上有团形寿字，为加强装饰效果，圆形门簪还加一花形底座，使原本较为普通的门簪，变化更丰富。

了。因此铺首的形象是在漫长的使用过程中，经历代制造者对其含义与形式的不断演绎、改进和创新而逐渐完善和形成的。在长期的发展中，其作用也从当初的实用性构件，演变为一种体现封建等级思想的门前装饰性构件。

六、门簪

门簪，因其外形与古代妇女头上的发簪比较相似，所以得名。门簪是将连楹木固定在中槛上的连接构件，中槛就是门框上面的那根横木，将门头板与门扇分隔，也称横枋或照面枋，连楹木则安装在中槛的里侧，是固定门的上轴之用的横木。门簪起到木栓的作用，由于木栓头自然暴露在门前影响美观，所以人们将栓头加工修饰成圆形、方形、长方形、菱形、多边形、以及花头形状等。门簪的数量可以是两个，也可以四个，多与建筑的等级有关，一般民居的如意门通常就只有两个门簪。金柱大门、蛮子门等有时设四个门簪，门簪有表面无雕刻的，根据大门的颜色，只将其表面涂成红的或绿、蓝等颜色。在门簪上面雕刻文字或饰以花样图形，文字多是吉祥语，如“福禄寿禧”、“四季平安”、“吉祥”、“如意”等。图案以常见花卉为主，如荷花、菊花、梅花、牡丹等。据专家考证汉代已出现门簪，随着时间的推移，门簪的功能性逐渐发生变化，开始由实用性向装饰性转变。人们越来越重视门簪的装饰效果，而作为结构功能的构件性质已经降至次要位置，这也说明传统建筑上的装饰构件，

图1-3-43

烟台市区时彦街民居小门楼，门前两枚长方形门簪，分别刻有葫芦与锦带、宝剑与绸带图形，葫芦寓意十分吉祥，是民居门前常见的装饰图形，宝剑特别是桃木剑是民间镇宅的法器，刻在门簪上想必也是辟邪镇宅的含义。

图1-3-44

旧时男婚女嫁，往往以“门当户对”来形容双方的家庭，其中的“户对”就是指两个一对或是四个两对的门簪。人们以此来比喻双方的家庭在经济条件和社会地位等方面不相上下，实力相当。龙口丁氏故宅大门上的这四个金色门簪，为大户人家的门前增添了不少气势。

开始基本都是以功能性为目的，只是在形式上进行一些美化和修饰。后来才逐渐演变成纯粹装饰性作用。如两个门簪便可以起到固定连楹木作用。将门簪数增至四枚，是在显示门第等级的不同。和门前的其他装饰构件一样只是体现了人们的一种心态，满足了精神需求。另外，因时代的变迁和人们的喜好，门簪的雕刻内容也会发生许多变化。

七、影壁

影壁是我国传统院落空间中大门内外特有的装饰性建筑物，也是传统门文化的重要组成部分。院落作为我国传统居住空间形式，进门的迎面多设有影壁，影壁与门，如影相随。门既是建筑物的出入口，又是保护建筑内部空间的防护体，影壁则起着营造空间环境气氛的作用，也具有对空间划分和半隔挡等屏障功能。

1. 影壁的文化属性

我国古代民间有着较浓重的神鬼观念，崇拜鬼神始终存在于人们的思想意识中，特别是对一些现实生活中无法解释清楚的现象，就都归结为冥冥之中的鬼、神所为。对于“鬼”，人们认为是人死之后的魂，而那些非正常死亡的人，死后就可能变成冤魂野鬼作祟为害，古人因惧怕鬼就想各种办法来驱鬼，为避免鬼使人遭祸，就想出用神来震鬼、捉鬼。历史上，国人对于鬼神虽充满畏惧感，但在具体行为上，则是实用主义的态度，遇事时才求神灵保佑。这一点上不仅是广大黎民百姓这样做，就连文人儒士，也采取比较务实的态度对待神鬼，“敬鬼神而远之，可谓知矣”。不是避鬼的方法，而是对一时还说不清的问题，先不要急着下定论，这也就是说不可不信，也不能全信，《论语雍篇》中孔子与樊须的对话，从“智”的角度说明人们应对待鬼神的态度，也代表了封建社会时期的知识阶层对于鬼神的基本心态，由此可以看出整个社会根深蒂固的神鬼观。

在我国长期的社会历史进程中，神鬼信仰对中国传统社会的思想、文化产生重要且深远的影响，尤其和传统居住文化的各个方面有着密切的关联。人们在建宅修墓时所谓的“风水”说，体现了对先人的膜拜和对鬼魅煞气的禁忌，人们相信因果报应，鬼魂作祟会为害一方，对人和物降灾生难，因此主人在宅居建造中，多设置求吉避凶的建筑物，以保护家宅的安宁和家人的平安。影壁就是阻挡抵御鬼魂邪气进家的重要屏障，是继院落大门之后的第

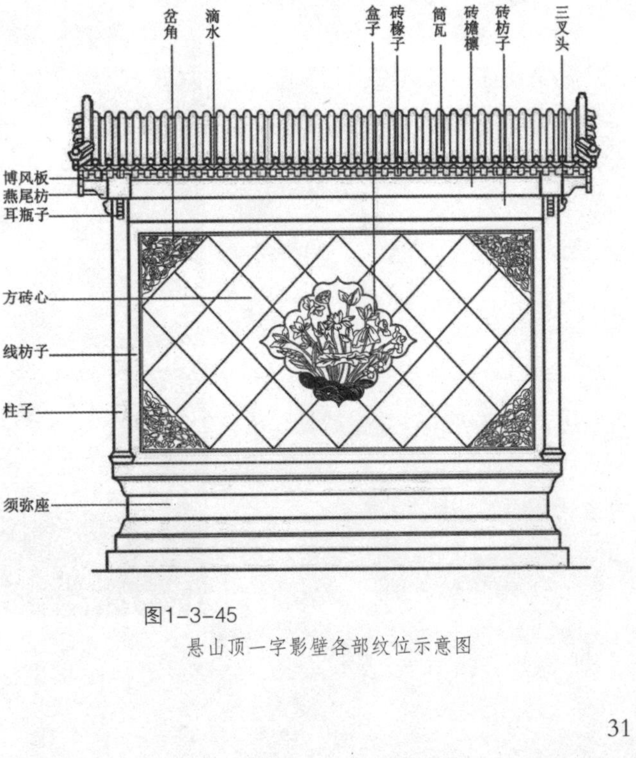

图1-3-45
悬山顶一字影壁各部纹位示意图

二道防护体，因为人们相信传说中的鬼只会走直线不会拐弯，碰壁后就被赶走了。有的还在影壁上贴钟馗像，并在影壁前设香台，定期焚香叩拜，目的也是请钟馗大神看护好门户，将溜进来的小鬼捉住，这样前有大门及门神看护，后有影壁阻挡，双层设防就可高枕无忧了。

影壁的设立满足了人们心理上的祈望，它反映了人们对平安幸福生活的追求与期待。可见在传统居住文化中，宅居不但要抵御各种自然现象的侵害，也要防范鬼神的侵扰，守好门户。贴驱鬼的门神、建辟邪的影壁等都是居家求吉避祸的必要作法。

2. 影壁的功能与形式

在现实生活中，宅居院落大门内迎面设置影壁墙，有让大门内的私人空间更“隐蔽”之意，习惯上宅居的大门寻常白日里是敞开的，影壁的存在使院内活动与景致不直接暴露在门外人们的视线之下，另一作用也可以阻挡一下强风，使的门口的气流变缓，减弱一些直冲院里的硬风恶气。通常民居中的影壁形式包括一字影壁、八字影壁、撇山影壁以及座山影壁。从应用位置讲，宅门内多设座山影壁和一字影壁，座山影壁一般运用在四合院、三合院厢房的山墙之上，而一字影壁就是独立的一堵墙。门外的影壁一是设置在路的对面，与大门相对应，体量比较高大，可以将门对面的建筑以及杂乱景物等遮蔽起来，具有美化门前空间环境的作用，形式既有一字影壁又有八字影壁。撇山影壁是大门正面两侧的影壁墙，分两种，一种是在门两边各接出一个斜面墙，平面形式如八字形。另一种称“雁翅影壁”，是先在门的两侧建短的一字影壁再接八字影壁。撇山影壁丰富了建筑入口处的视觉效果，院门显的开阔气派又非常庄重。影壁作为大门的附属装饰性建筑，多为砖石结构，并以各种雕刻技法加以装饰，雕刻内容多是表达美好愿望的吉祥纹样。一座影壁由壁座、壁身、檐口和壁顶等几部分组成。壁座多为须弥座形式，壁身多采用方砖砌筑影壁心，四周加边框，四角成岔角。檐口常用砖做成仿木架构形式，壁顶则有硬山、歇山或庑殿琉璃的瓦屋面。

在中国封建社会中，影壁的形制受制于建造者的身份与等级，例如民间的影壁在雕刻纹样上，是不能有龙纹出现的，龙是帝王的专属象征，材料上清代时就曾明确规定琉璃的使用归皇家特有，任何人非

图1-3-46

图1-3-47

经特许不得使用琉璃，否则属于越制。对照一下黄琉璃瓦庑殿式顶、通体琉璃砖烧制的九龙壁，那磅礴气势彰显示出封建社会中皇权的至高无上。

受各地历史、习俗、地理环境和经济发展的影响，影壁在山东民居中的分布也不相同，如鲁西一带传统民居就较少砌影壁，即使有，也多是简单的一堵土墙，而一些当地自然条件较好和经济相对发展地区，民居中的影壁就考究了许多。可见，影壁与悠久的居住文化密切相关。

济阳周氏庄园门内有一座整修过的硬山顶一字式独立影壁，由于整修的过程中材料运用不当，折损了影壁的原貌和价值，但主要的建筑装饰构件保留了下来，基本上还留有古风老味。该影壁心仿“棋盘格”样式，影壁中心装饰菱形砖雕，由瓶和牡丹纹样组成寓意“平安富贵”的图案，雕刻手法娴熟，造型生动引人注目，影壁整体素雅大方，尤其是影壁两侧的竹节式壁柱和盘头式处理较为独特，其装饰造型与该院大门盘头的雕刻纹样十分相近，同样精彩，岔角的如意形和檐枋上的卷草纹雕饰细致精巧，布局严谨又十分舒展，目前现存的传统民居中一字式独立影壁已比较少见了，该院主人还能认真维护破损的影壁，也是难得。（见图1-3-46）

扬家埠年画作坊影壁，影壁檐口用砖做成防木构架，砖枋子雕饰“狮子滚绣球”和莲花、牡丹宝相花纹，壁心左右两侧为双边框，形成竖槽代替了砖拄的视觉效果。其次影壁的下肩，中间凹进形成一长方形槽，再做须弥座装饰嵌在凹槽中，这种构造形式既灵巧又富于变化，影壁的雕刻纹样造型上体现了当地民间艺术的表现风格，生动、纯朴充满热情。（见图1-3-47）

图1-3-48

昌乐人家的小影壁，其影壁下肩的凹槽处理与扬家埠的影壁如出一辙，影壁整体形式如同扬家埠年画作坊影壁的简化版，也是入口处一道靓丽的风景。

图1-3-49

龙口丁氏家族故居中的影壁，影壁的形式较为独特，影壁是围墙的一部分，在墙头上挑出壁顶，壁身与墙面一体，壁座由围墙的下肩所代替，形成一种跨墙影壁的特有效果，使影壁显得十分轻盈，既不占空间，又简约美观。

图1-3-50

章丘博平村祠堂前的八字影壁。原有的院落已拆除，只剩门前孤零零的影壁。

图1-3-51

座山影壁，指进入院落大门后迎面山墙上的影壁，这种房屋山墙上的装饰，极大地丰富了院落入口处的视觉效果，座山影壁虽不如独立影壁有气势，但灵巧多样，不占空间。

图1-3-52

传统民居中虽然那些富贾大户人家的影壁修得考究，而平民小户人家也会因陋就简、量力而建，且各具特色。时至今日，影壁依然在用、再建。平阴峨庄民居大门内的影壁，壁心用条砖砌成席纹样式，不失为一种经济美观的处理方法。

图1-3-53

山里人家的土“影壁”，实则是一屯粮的小土屋，建在大门的入口处，可谓一举两得。

图1-3-54

淄博忠勤祠内的“石屏风”为明代遗物，原在桓台新成镇王氏府邸中，主人王象乾，官居明代兵部尚书，上世纪八十年代，重修忠勤祠（王士慎纪念馆）时将王府唯一幸存物 “石屏风”移至祠内。石屏风用在室内属于屏风的一种类型，“屏”具有遮挡、隔断的含义，屏风的作用，既围挡了特定区域，重新划分了空间（主要是室内空间），又具有装饰性。只是通常概念中“屏风”属工艺制品是可以移动的，影壁是环境空间中的建筑物，而石屏风在户外时因体量和结构形态的变化，有的就如同一道影壁墙，石屏风只是人们的一种习惯称呼。该石屏风的壁心是青石，正面镌刻王羲之墨迹“水月松风”，背面是浮雕，内容表现包括水、月、松、石、喜鹊、鹿等以及那无形的风，最突出的乃是壁面中心一狰狞巨兽，形似麒麟，这也许就是民间传说的“贪兽”，它翘首望月，贪婪的连月亮都想吞下。大户人家的宅院中常有它的形象，目的就是时常警示后人，贪心是灾祸的根源之一。

第二章 牖 篇

《说文》中曰："在墙曰牖，在屋曰囱。"窗与门都是建筑中不可或缺的元素，窗最初的功能是出于实用目的，在漫长的发展历程中，窗由最初的原始形态和单一的功能，经历代能工巧匠的推陈出新，逐渐演变成为具有形式多样性、功能齐备的建筑构件。窗在建筑中的重要性，随古代社会的发展，越来越受到重视，至明清时期窗与门已成为主要建筑物装修装饰的重点之一。民居建筑中的窗则体现了更多的灵活性以及适用性，受区域环境和民俗文化的影响，民居窗的结构样式更加丰富，拼花装饰更加多姿多彩，从材料到制作工艺，窗也是寻常百姓人家关注的焦点，体现了人们对美好生活的憧憬。

第一节 窗的建筑属性

一、窗的源起与文化内涵

牖。《说文》中解释，"穿壁以木为交窻也"（窻，窗的异体字）。"牖"，就是如今的窗户，只是古时对于"牖"和"窗"却有着不同的含义，我们现代所说的"窗"实际是古代的"牖"，《论语·雍也篇》有这样的描写，"伯牛有疾，子问之，自牖执其手，曰："亡之，命矣夫！斯人也而有斯疾也！斯人也而有斯疾也！"是说孔子去看自己病重的学生伯牛，隔着窗户握着他的手（诀别），说："不治之病将失此人，是命啊！这样的人也会有这样的病！"而古时的"窗"仅指天窗，"窗"的本字是"囱"，即在屋顶上留个洞，可以透光，也可以出烟。黄河流域的仰韶文化时期，人类的居住就已从穴居发展到半穴居，直到后期的地面建筑。房屋平面有圆形和长方形，墙体由四周排列的木柱与扎结枝条构成骨架，然后再涂上泥制成，屋顶也是由树枝扎排成的骨架，其上敷茅草或草泥，屋面的重量则靠立柱作支撑。在室内有生火的坑穴，屋顶留口用做排烟，这也许就是"窗"的最初缘起。因为屋顶留口具有通风和采光的作用，有着两千多年历史的蒙古包，就采用"天窗"（蒙语"陶脑"）采光和排烟。随着人类建造技能的提高，房屋的结构形式不断发展完善，墙上开"牖"代替了"天窗"，虽然早期的"牖"只是在墙上开个洞，尺寸也不大，但"牖"奠定了窗的发展和演变的基础。"牖"的运用使建筑室内环境更加明亮，通风顺畅，更重要的是墙壁从此不再只是一围合的遮蔽体，比起最原始的"天窗"来，立面洞窗开口高度降低了，使人们可以通过窗户看到外面的世界。有了窗，开阔了居住者的视野，增强了室内外的有机联系，也让建筑空间变的更加积极和丰富。

"凿窗启牖，以助户明也"，正由于"牖"和"窗"为建筑的内部空间带来了光明，所以汉语词语中也常借此来形容人们内心世界的透彻、了然的过程。《论衡·别通篇》所述："百家之言，令人晓明，非徒窗牖之开，日光之照也。是故日光照室内，道术明胸中。”是说“各家的学说，能使人通晓道义明白事理，不只是开个窗，让阳光照进屋可比。所以阳光照进室内，就像道义学术照亮了胸中”。窗，算的上是房屋的眼睛，透过窗户我们可以看见外面的世界，国家的“窗口”在于向世界展示自己国家魅力和成就，行业的“窗口”旨在向社会开放，接受各界的监督。人们常说眼睛是心灵的窗户，通过眼睛可以表达一个人内心世界的情感，看别人的同时也在让人看到自我。“打开天窗说亮话”之说，是借窗户的通透，无遮拦之意，表明在实话实说，有话直说。著名学者钱钟书在其作品《窗》中提到“有了门，我们可以出去；有了窗，我们可以不必出去。窗子打通了大自然和人的隔膜，把风和太阳逗引进来，使屋子里也关着一部分春天，让我们安坐了享受，无需再到外面去找。”这是透过窗子而产生的许多的联想和形象比喻，准确、生动，又颇具哲思与风趣。

我国传统庭院式建筑，除建筑的实用功能之外，在形式之中则包含着丰富的精神意蕴，如空间的处理和变化，具有外实内虚、自然生动的特点。院落实墙将院内空间与院外世界分隔开来，从外面看院落表现出内向的、收敛的性格特征，围墙内各种景致势态万千，别有一番天地，外界的喧嚣嘈杂与院内的宁静安逸形成一种对比。建筑空间与庭院空间的交融交流，整体的严谨中透着自由与活泼，空间的美感在于室内外空间的通透与变化，以及空间的不确定性。窗，在传统庭院建筑空间中，丰富了空间的视觉变化，隔扇窗的“隔”与“透”让房屋的内部空间与院落空间彼此交融、渗透。“隔”是为了“透”的变化，隔扇窗的格子，将窗外景致如取景框一般，隔成多个美妙的画面，而且景象若聚若离，虚中有实，富有情趣。“隔”产生距离感，避免了一览无遗，使“透”变得更加含蓄。最后阳光透过格子窗，室内光线变得十分柔和，室内空间也变得朦胧了许多，而这种朦胧、含蓄、既露又藏、亦实亦虚，都体现了中国传统的审美情趣，也是艺术创作中重要的美学原则。

二、窗的构造与形式

从发现的汉画像石、画像砖和明器陶屋中可以见到最早的天窗和直棂窗的形象，形式有方形、圆形及长方形等多种。直棂窗的运用是窗的一大发展，人们可以将织物（后来才用纸）裱糊在木棂条上，提高窗的遮风保温性，也使得窗更加实用和美观。资料显示唐宋时期，建筑的窗户仍以直棂窗居多，不过唐代画作中已出现隔扇门形式，隔扇门的出现对门窗的发展

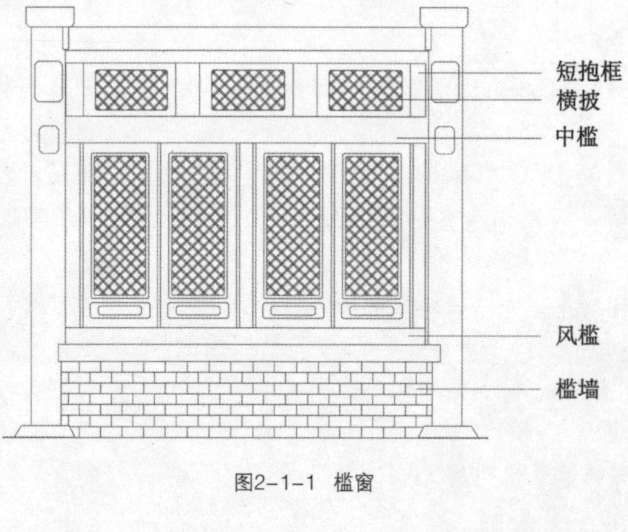

图2-1-1 槛窗

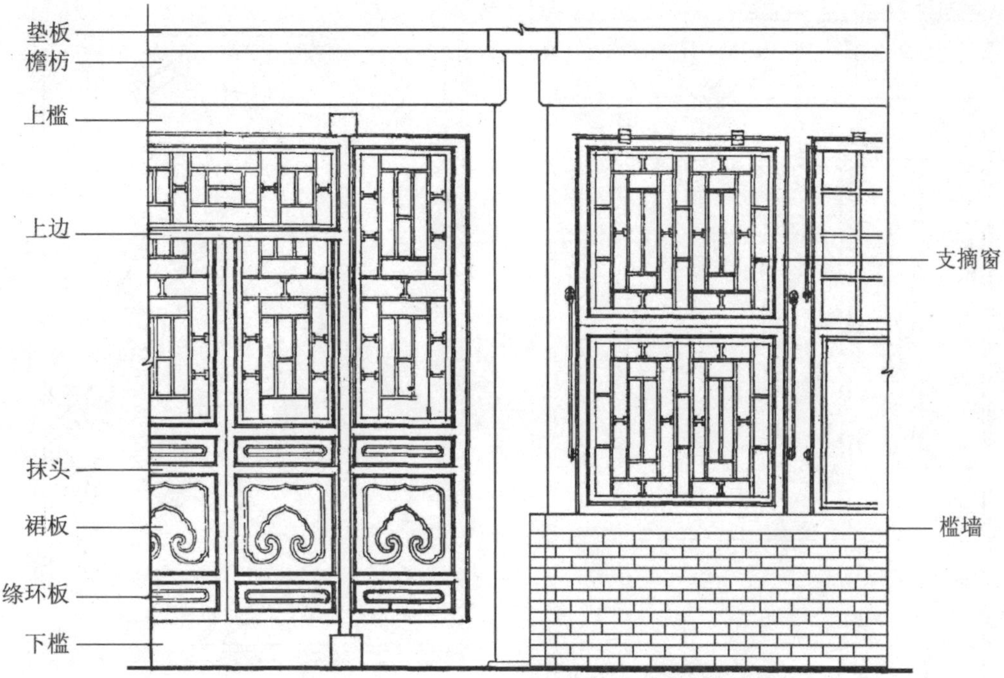

图2-1-2　支摘窗

都具有重要影响。这种形式的门至宋代称格子门，由于宋代建筑营造之术更加专业化，格子门的样式、纹饰以及格心的变化也愈加多样。这个时期从格子门演变而来的槛窗已开始运用，窗也具有了开关功能。明清时期将格子门称隔扇门（用在室内称隔扇），明代时重要建筑的窗基本都采用槛窗，清代中叶玻璃开始应用在帝王建筑的门窗上。至此窗与门在制作工艺上已十分成熟，而且式样丰富多变，尤其隔扇门体现了门与窗的结合，传统木构架结构的建筑正面，隔扇门取代了砖墙，常见于殿堂、厅堂等建筑，它的应用丰富了建筑立面的装饰效果，起到了突显建筑气势的作用。其中雕刻花样繁多，玲珑剔透的格心，最具视觉吸引力。

槛窗。槛窗也称隔扇窗，形式上看只保留了隔扇的上半部分，窗下部分的墙体称槛墙，槛窗一般用于宫殿、寺院、祠堂等建筑的隔扇门的两边，与隔扇门一起加强了房屋立面的装饰效果。

支摘窗。支摘窗一般用于传统宅居房屋上的一种木窗，上部可以支起，下部可以摘下的窗子。上部支窗为双层，外层棂条多用灯笼锦、步步锦等装饰性格心，其上糊纸，内层做纱屉，暑天支起外层，由纱窗通风。下部安装玻璃，便于室内采光。

牖窗。牖窗《说文》中曰：“在墙曰牖，在屋曰囱”。现指包括什锦窗和漏花窗以及嵌窗，什锦窗专指形状各异的窗户，多用在园林或庭院的花墙之上。漏花窗是指窗洞的形状相同，但其间用砖瓦拼花形成不同图案的墙窗。嵌窗是镶嵌在墙壁上的一种不透明、不通风的牖窗，只具有装饰效果。

传统隔扇、支摘窗的棂条心（也称隔扇心或心屉）花格样式比较多，常见的包

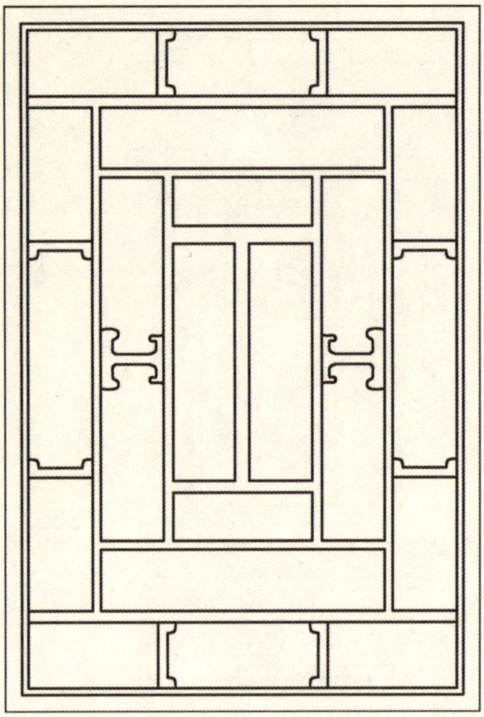

图2-1-3 步步锦样式

图2-1-4 冰裂纹样式

图2-1-5 万字纹样式

图2-1-6 盘长纹样式

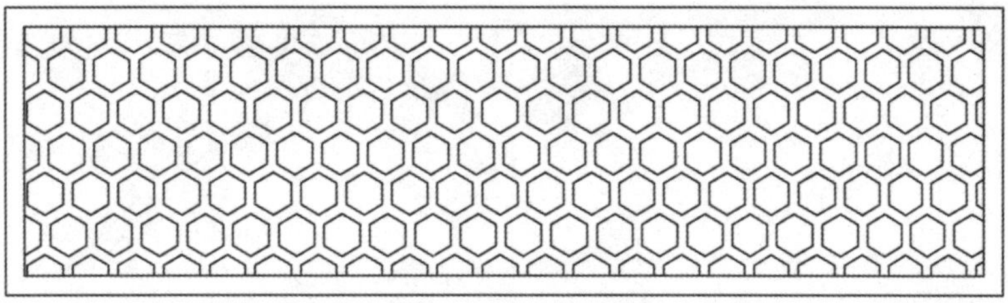

图2-1-7 龟背锦样式

图2-1-8 菱花锦样式

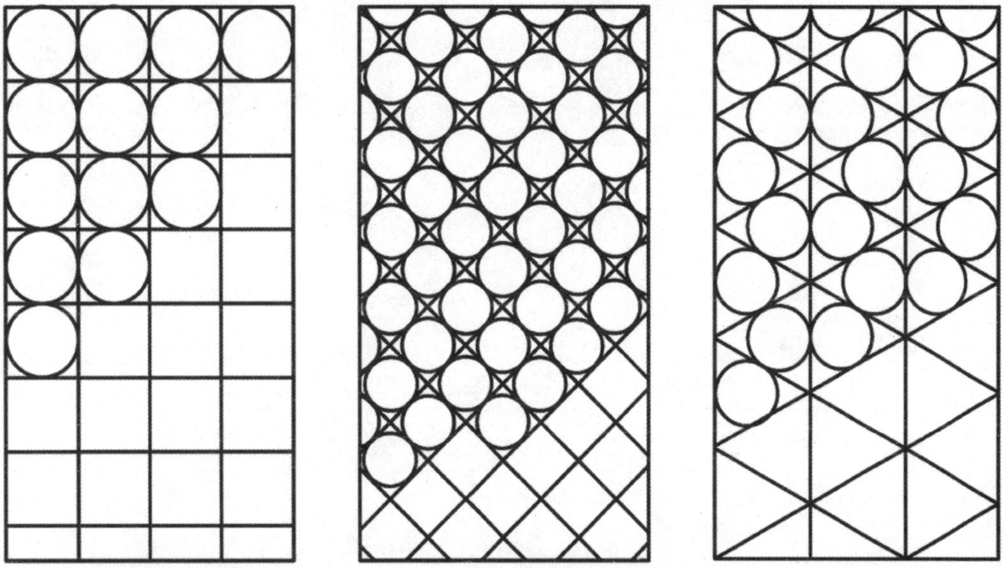

双交四椀（正交） 双交四椀（斜交） 三交六椀

图2-1-9 双交四椀菱花与三交六椀菱花格心构成框架示意图

图2-1-10 双交四椀菱花

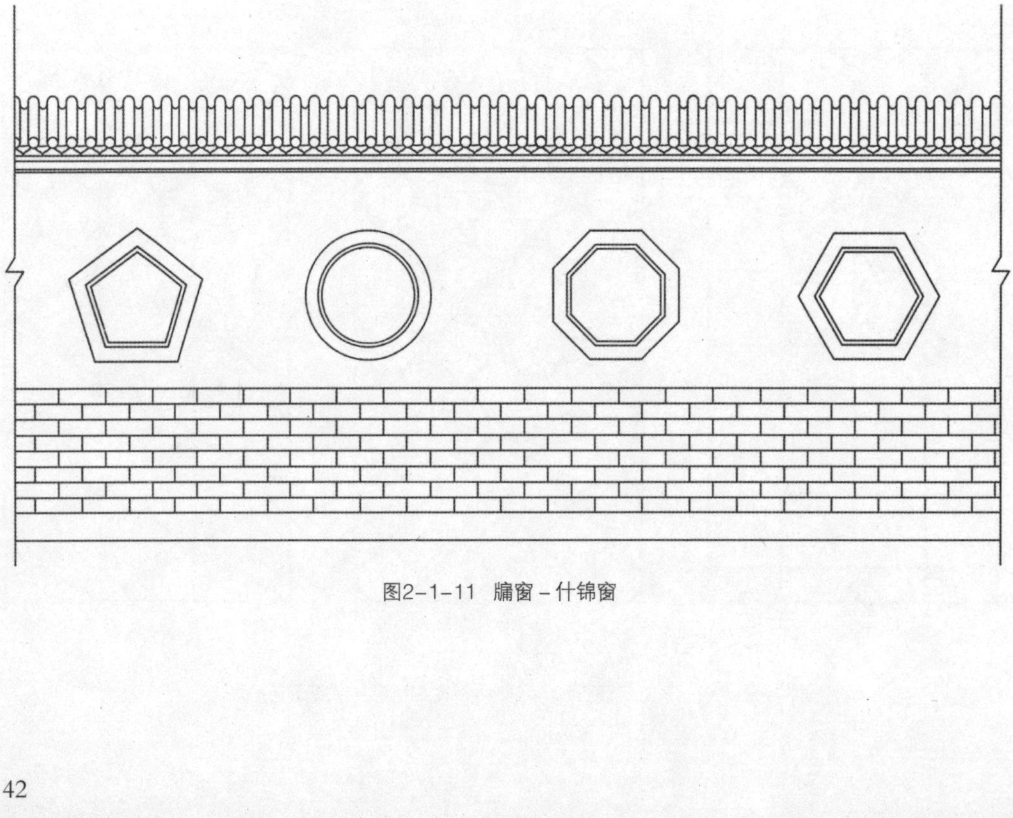

图2-1-11 牖窗－什锦窗

括：万字纹、步步锦、菱花锦、龟背锦、灯笼锦、冰裂纹、盘长纹等。

步步锦样式。步步锦样式是由横和直的棂条构成上下、左右对称长方形花格，有些像框格构成，空挡格由外向里层层缩小，空挡内有时用花卡子加以固定。（见图2-1-3）

冰裂纹样式。冰裂纹样式如水面的冰冻裂纹而得名，由棂条不规则的拼合，而形成的格心样式。（见图2-1-4）

万字纹样式。万字纹样式是以十字为核心，端头由折线相连构成的花纹，分正万字和斜万字，有“富贵不断”之意。（见图2-1-5）

盘长纹样式。盘长纹样式是将棂条等距离的连续倾斜交叉，其中四角端头直角相交形成菱形，中间的斜井字作延长线至边框四角。如同流行的中国结样式，象征连绵不断，长久吉祥。（见图2-1-6）

龟背锦样式。龟背锦样式是指将棂条拼接成为六边形，象乌龟背甲上的花纹样式。（见图2-1-7）

菱花锦样式。菱花锦样式有双交四椀菱花和三交六椀菱花两类，双交四椀，双交就是二棂相交，四椀就是指每四个圆两两相交成为一组，一个花形由四个花瓣组成，每个花瓣均由两个圆相交，在相交处附加花瓣而成为放射状的菱花图案（见图

图2-1-12

直棂木窗因制作工艺比较简单，一般的不需要卯榫对接，只在木条上开出一定距离的槽口，然口插接完成。材料上固定的窗户比开启的窗户选材更灵活，根据条件可优可糙，所以直棂木窗是各地传统民居中应用最广的一种形式。

图2-1-13

车氏庄园的步步锦样式与常见的不同，加了许多“孔方兄”形象作装饰。

图2-1-14

济南历城民居的隔扇窗，其上糊纸，简单经济的直棂木心，横披处则是棂条拼成的十字纹花格。主人因经济条件所限，该窗还保留着以往旧有的形态。

图2-1-15

同样是直棂木窗，大户人家的就讲究许多，每个单元做工十分细致规矩，由小拼大，整齐划一。

图2-1-16

济南历城区和章丘一带传统民居，直棂窗上方有的还做一能开启的支窗，支窗的棂条心多为“步步锦”样式，该窗下部的直棂窗已被主人改造成现代的玻璃窗。

2-1-8）。三交六椀，就是三棂相交（形成三角形），菱花由六个花瓣组成，每个花瓣由两个圆相交得出，六个圆可相交得出一束六瓣菱花形，三交六椀菱花住住被用在重要建筑的门窗上。随着不断改进双交、三交菱花形分别变成以四边形和三角形骨格为基础的菱花样式。（见图2-1-9）

第二节 窗的附加装饰

一、窗花

窗花就是剪纸，是民间年节时贴在窗户上的剪纸饰品，从用途上讲剪纸包括贴在门前的"门笺"、窗户上的窗花，顶棚上的顶棚花以及墙花、枕花、炕花、鞋花等等，窗花算是最早的剪纸形式。山东是剪纸的大省，民间有久远的剪纸习俗，长期以来，剪纸这一传统民间工艺深受人们喜爱。山东各地剪纸以红色为主，特别是逢年过节和家有喜事时，常用大红剪纸美化环境和烘托喜庆气氛。剪纸的红色象征着热烈、奔放，是人们心目中的吉祥之色，民间在喜庆的日子里，都离不开红色装点。在乡间，旧时民居的窗户为直棂窗或格子窗等样式，窗内裱糊一层白纸，每年春节时窗户要换新纸，然后贴窗花，雪白的纸上映衬着大红的窗花，十分醒目。在万物凋零的时节，简单的一张红纸在农家女一双巧手的剪裁下，变成了各式各样具有美好寓意的窗花，鲜红的颜色，生动的造型，希望来年的日子能过得红红火火，心中的期盼能得以实现。在过去的年代中，山东农村许多地方视剪纸为每个姑娘出嫁前所应掌握的诸多手工之一，谁家的女孩手工会的多少、做得好坏是婆家品评未来媳妇的重要标准。龙口、博山等地民间还流行在七月七日这天女孩陈瓜果拜织女乞愿、乞巧，俗称"乞巧节"。

山东民间的窗花题材十分广泛，从花草鱼虫、蔬菜水果、家禽牲畜、山水风景到人物器物，生活中的风土人情、传说中的故事等等，都是窗花所要表现的内容。窗花的形状依据民居窗户的格式样式而设定，如棂子窗的窗花，一般为竖条形，布局是在窗的中心部分贴数幅，构成一幅大的画面或是形成一组连续的图案，而四角部分则以"角花"作为装饰。其次，窗花的表现形式主要以线造型，讲究线的变化。线面相结合的则较少有大的团块，这主要考虑到室内采光的需要，传统的直棂窗、格子窗透光性较差，内侧裱糊白纸首先是具有一定的遮风保温作用，二是白色有助于增强室内的亮度，镂空的窗花既是装饰又不会影响室内采光。山东剪纸在表现风格和内容上也存在着一些区域性的特点，大体上鲁北及沿黄地区剪纸的风格比较粗犷，像滨州、聊城等的窗花，内容上多是花鸟鱼虫、植物人物、家禽家畜等。鲁东及胶东沿海地区的剪纸较为细腻。如平度、蓬莱等的窗花则多以线为主，线条粗细相间，疏密变化有致，表现风格秀美。高密、昌邑、莱州等地窗花则线面结合，内容以反映农家的生活场景为主，也包括传统戏曲人物和神话人物。

窗花纯朴动人的艺术形象，源自人们对生活的观察和感悟。造型上为突出对象的特征，大量运用变形、夸张的形式语言。内容上善于捕捉选取动人的情节瞬间，为追求美的表达，可以无拘无束的添加、删减、概括，不受法则和规范的限制，只要觉得需要就可以实现任意组合，所以民间的窗花具有强烈的装饰效果。窗花体现了劳动者的智慧和丰富的想象力与创造力，表达了普通百姓乐观、健康、积极的生活态度。窗花不仅流露了生活喜悦，也表现出笑对生活中的烦恼和不悦的生活态度，而这一切经艺术的加工表现后，都成为生活的一种乐趣，是人们情感和愿望的真实写照。民间的许多传统风俗也正是通过窗花展示出来的，对于许多传统的题材，各地剪纸中都有所表现，以神话和民间传说中的各种故事最为普遍，而“老鼠嫁女”的传说故事，就是其中之一。民间有“老鼠嫁出去，晦气送出去”之说，寓意将灾祸从自家逐出去。老鼠是人们生活中令人讨厌之物，自古人类就深受其害，也曾想尽办法要将老鼠铲除，但鼠的生命力异常顽强，且灵活、狡猾，警惕性高，活动诡异，这些特性使得人们对其又恨又畏，又无可奈何。天长日久，民间就出现了和老鼠相关的许多风俗与禁忌，成为一种文化现象。民间有关老鼠的故事、典故、谚语很多，老鼠的形象出现在文学和艺术作品中时，便有了天真顽皮、聪慧机敏的一面，将“老鼠嫁女”的故事通过窗花的形式表现出来，也使相关的传统风俗变得富有情趣，现在人们更多的是欣赏窗花中那神气活现的小老鼠的形态。正如那首熟悉的儿歌唱的一样，“小老鼠，上灯台，偷油吃，下不来。”岁月风俗文化使小老鼠的形象变得活泼可爱了许多，而相关的禁忌活动已是久远的事了。

图2-2-1

“老鼠嫁女”的故事在我国民间广泛流传，剪纸中所表现的老鼠形象，顽皮乖巧、神态多样，体现了民间艺术造型的质朴纯真与简约洒脱之美。

图2-2-2

条形窗花多贴在传统的直棂窗上，规整统一又富于变化。

图2-2-3

组合式窗花的特点在于既独立成幅，又体现出整体形状的组合之美。

图2-2-4

蓬莱窗花“花草蝈蝈”。

图2-2-5

高密窗花“孩儿与石榴”。

图2-2-6

现代过年的剪纸已商品化，再也不是随心所欲的情感流露，少了一些乡土的纯真，多了一些迎合的心态，在一个模式下批量化的纹样，就显得比较机械。

第三章　齐鲁各地民居户牖的种类与构造

中国传统的木构架建筑以其独特的构造方式在世界建筑体系中独树一帜，影响广泛、持续时间长，中间从未间断过。木架建筑除建造周期短、抗震性强等优点外，木材的加工、雕琢比较容易，其雕刻的表现力更加丰富多彩，这也使得传统建筑的装饰特点十分突出。古建筑中的门与窗，强调实用性与装饰性的完美结合，这是门窗发展成熟的标志。自古士大夫阶层对于那些曾创造了建筑艺术辉煌历史的匠人抱有偏见，社会制度保障了士大夫阶层拥有对文化、艺术的话语权及导向作用。在"学而优则仕"的信条下，读书人重文轻技，建造之技与匠人得不到应有的重视。故而在漫长的封建历史时期，只有宋代的《营造法式》，清代的《工程做法则例》，两部有关建筑之术的书。这两部书是为官制建筑工程质量管理之用，而民间建筑之术的传承还是师傅带徒弟的古老方式。

齐鲁各地传统民居的门窗，因区域的不同，阶层的不同而形式多样。官、商、富户与普通黎民百姓人家等级鲜明。大户人家的门窗制作可以不惜成本，制作精良，装饰华丽，小户人家限于条件，精打细算，门窗构造简单实用，风格质朴，特色突出。齐鲁民居门窗的风格样式也是一种文化内涵的表现，它既体现了富裕阶层的享乐追求，是使用者身份地位的象征；又是民间百姓时代生活的写照，记载了岁月的沧桑。

第一节　济南市传统民居

一、济南老城区传统民居

济南，作为历史文化名城，春秋时属齐国重镇，"济南"一词最早出现在西汉，在《史记》中有"济南郡"的称谓，一代枭雄曹操年青时曾任过济南国相，时间虽短，但施政期间颇有建树，这段历史对曹操是一次政治上的历练，也是其霸业的重要起点。西晋时期，济南由章丘原址迁至现老城位置。隋唐时称齐州，宋金为府，明代济南始为山东首府。济南的民间建筑历史现有比较直观的实物遗存，是位于长清县孝里镇的古建筑孝堂山郭氏墓祠，建造年代约在东汉时期，这也是我国现存最早的地面房屋式建筑。墓祠全部用石筑，室内宽3.8米，进深2.13米，为单檐悬山卷棚屋顶，两面坡的石板屋面刻出脊背、瓦垄、勾头、椽头等形状，檐口平直，石祠正面中间有一根八角石质檐柱，将入口一分为二，两侧各有一根贴墙柱（据说是后加的）。小小的石祠为我们研究汉代民居提供了有力的佐证，受到建筑界及史学家的高度重视，也是有关学术著作常引用的实物例证。

济南老城区是济南传统历史文化的缩影。清代诗人曾以"四面荷花三面柳，一城山色半城湖"赞美济南老城。这座古老的城市如同自己的民族一样，历史上有过辉煌也经历过磨难，可谓命运多桀，朝代的更替，城池的变迁，千百年来在这里似乎就没有停止过，曾经的城市建筑在动荡岁月中显得十分脆弱，这种区域的安宁与稳定一旦被打破，建筑的悲哀是再所难免的。济南老城区现存民居以清末和民国年间的建筑为主，有幸保留下来的老宅古建饱经风霜，随着原有环境的不断变化，传统民居的生存空间已处在高楼重围和重压之中，许多片区已经消失了，剩下的也显得有些形单势孤。以往发展与保护问题在现代城市建设中，保护处于劣势，特别是对于古老的民居，原先欠账太多，使原来的老宅老院，变成现在乱搭乱建的大杂院，让原本就状态不佳的老宅，旧病未治又添新伤。时至今日，济南老城区的改造与保护，一直是人们关注的话题。近年济南的城市规划明确提出“保持泉城风貌带特有的空间形态”，老城区发展与保护有了明确方向。济南的老民居是泉水文化的重要组成部分，也是泉城风貌带的核心，清末文学家刘鹗在《老残游记》中描述济南的景致是“家家泉水，户户垂杨，比那江南风景，觉得更为有趣。”在几代济南人心目中，泉水人家、垂柳纳荫是永远的城市记忆。

1. 后宰门街田家

济南老城区的后宰门街紧邻曲水亭街，是一条东西方向的街道，街道两边的宅居、店铺前两年统一做了仿古修缮，这也是前几年济南市有计划的恢复历史传统街巷的行动中受益的一处。不过新的城市规划要使大明湖片区具有老济南传统文化风貌旅游带，这样，老街又将面临一次大的动迁改造。后宰门街田家旧址在街的南

图3-1-1

“卐”字是一个古老的符号，作为一种宗教符号时，佛教等宗教中常使用，作为一种装饰图形时， 我国传统器物、织物及建筑上，用来做装饰使用。一般认为“卐”字这种富于动感和向四方延展的形状，寓意美好，所以民间常将“卐”字装饰与万寿、万福等吉语相联系在一起。

面偏西的位置，据介绍该院建于清末，主人是当时富有的盐商，目前原有的大宅院现只剩一小部分院落建筑。沿街进入向南的胡同，尽头有一个朝西的月洞门，进门后的院落是一处中院，该院南北各有一处院落，南院的门为拱券形洞门，院内的西屋是一座两层小楼。北边的院落只有北上房保存基本完好，这得益于近年来被管理部门修葺过。三开间的北上房还建有两间西耳房，上房的门窗为传统的隔扇门和支摘窗，引人注目的是棂条心部分，由“万字纹”组成的花格样式，古雅纤巧，美妙的图案效果，令门窗成为工艺佳品，在此装饰功能已超越了单纯的实用性，门窗变作美化建筑的重要手段。田家所剩这处三进院落，不同与传统的四合院，从所处位置和入口的月洞门看，应是一处带花园的内宅，其建筑风格多样，形式活泼。过去中院与北院之间原有的院门虽残破，但方正的结构形态还在，这样不大的院落空间中，分别有三种不同形式的院门存在，更增添了内宅环境轻松愉悦的氛围。

2. 鞭指巷状元府

陈冕，自幼聪慧好学，光绪九年（1883）24岁时高中状元，也是清代济南唯一的状元。陈冕同情百姓的疾苦，为振灾，街头曾义卖过书法，提起他，人们都赞不绝口。现位于鞭指巷的9号和11号两处院落，只是原陈府的一部分，二进四合院布局，坐西朝东。时过境迁，现已是年久失修的大杂院。据9号院的老人讲，该院落是解放后济南某厂家从一章丘商人那花旧币1亿2千万买下的，用做职工宿舍。虽然经历了一个多世纪的风风雨雨，9号院的宅门就像一位不屈的老人，依然顽强地履行着自己的职责。宅门为金柱式大门，青瓦盖面的屋顶，靠临时补救措施

图3-1-2

图中显示的是圆形月洞门的外观，扇门应是维修后加的。这种园林中常见的洞门形式，丰富了空间变化并具有装饰性，该月洞门上方有砖雕线式枋心框，洞门四角有砖雕装饰如意角花，工艺精细。

图3-1-3

拱券形门洞造型别致，虽然局部缺损，但砖雕的券边花饰保存完好十分精美，与卷棚式硬山顶相结合，整体富于变化，用曲线、弧线加强了与直线的对比，构思巧妙，色彩以黛瓦青砖为主，配青白柱角石，更显出朴素典雅的气质。 同时该门洞在建筑风格样式上体现出中西结合的特色。（注：该图只复原了建筑的部分缺损）

图3-1-4

鞭指巷状元府在济南旧城改造中被保留下来，也是济南老城中为数不多的相对完好的传统民居院落。

图3-1-5

在济南传统民居当中，即便像陈冕的状元府门前，也没有用圆鼓子做装饰，省内也只有少数几个大的庄园门前有够型制的圆形抱鼓石。

图3-1-6

状元府门前的“走马板”保存完好，图案内容吉祥，其位置也是门前挂匾牌的地方，所以该走马板的外形轮廓被做成匾牌的形状。

在支撑，正脊已经残破，竹竿在代替檐檩的作用，粗看大门整体虽然已破旧，但细察依然可以感受到当年状元府的气度（见图3－1－4），尤其是走马板与檐下花板（封檐板）的雕刻，工艺精美，图案内容分别是“葫芦蔓枝”和“缠枝牡丹”，前者采用浅浮雕，细腻生动，布局疏密得当，凹凸变化有致，后者为透雕，简单概括，朴素自然，只可惜下面的花牙子已遗失。走马板上的“葫芦蔓枝”装饰，可称状元府门前的一大特色。葫芦具有可食、可藏、做盛器、赏玩之用，在我国民间视为吉祥之物，常借葫芦的谐音（福禄）寄托美好的祝福，葫芦多子且又契合“子孙满堂”之意，加之其蔓（枝茎）生长茂盛延展性强，而“蔓”的读音与“万”相同（如瓜蔓）。所以“葫芦蔓枝”寓意“多子多福”，有“子孙万代，家族兴盛”等的含义。

大门两边的门鼓石形状为“方鼓子”与门枕石一体连做。正面和侧面原都雕刻花纹，现损坏严重，花纹样式已模糊不清（见图3－1－5）。另外迎门的座山影壁保存基本完整，只是影壁前的杂物和植物将影壁大部遮挡，而且壁芯被涂色描边，这些都影响了影壁的整体效果。即便是这样，露出的部分也足以展示影壁砌筑工艺的精细。

状元府11号院与9号院一墙之隔，同为四和院落，只是院门有所不同，11号院为“蛮子大门（见图3－1－7），门楼的木构架为五檩硬山式，目前保存基本良好，并可以看出当初建造时的精工细做（见图3－1－8）。11号院门整体风格比较简洁，没有过多的装饰，只是在门鼓石与挑檐石上稍加修饰。门鼓石上半部分（幞头）是常见的以倒三角形为装饰，四棱角雕竹节造型，下半部分只做入角鼓心线框，简单明了，显得十分谦和。挑檐石同样只在局部做细小装饰。11号院门与9号院门，布彩以黑色为主，红绿为辅色，整体效果古朴庄重，较好的体现了状元府的特色。目前看济南老城区，像状元府这样历史脉络比较清晰的民居并不太多，多数民居的历史

图3－1－7

11号院大门透视图

图3－1－8

依然较为完好的五檩硬山构架。

已无法准确考证。

3. 鞭指巷70号院

该处院落位于鞭指巷南口，靠近泉城路，过去是一处钱庄，三合院，沿街倒座三间，为安全起见主人又沿街多砌了一堵高墙。上房是一座两层楼房，较周围其他民居，该院高墙围护，显得更为封闭，大门座东朝西，拱形门洞，高耸街边。从院落的整体方位看，大门只能开在院子的西南角，而在长期的岁月中，民间传统建宅盖房都十分讲究所谓的风水，有“坎房巽门”之说，“巽”为风，东南方位，有畅通无阻之意。所以大门的位置多开在合院的东南角，而西南是“坤”位，民间视做“鬼门”，大都将茅厕置于此。因此大门建在这，风水上讲是犯忌，传说该钱庄在此不久就倒闭了，后请阴阳先生看，说是“臭门”坏了风水，毁了生意，现在看也许只不过是一种巧合吧。不过从生活习俗和北方的气候环境看，大门的位置设在东南方，也有一定的合理性。北方夏季多东南风，冬季多西北风，这样大门在东南便于夏季通风和冬季避风。当然这也要看院落的朝向，不能一概而论。70号大门特色之处为中西合璧，迎面看是具有西式风格的半圆形石券门洞，而屋顶砌成牌楼式样，墙芯镶有石匾一块，上刻“泰运昌辰”四个大字。牌楼墙后却连着一传统风格的门楼，可见是主人为了安全，统一将沿街门楼和厢房都用高墙护住。此外石券

图3-1-9

70号院处在旧城改造的位置，因建筑比较有特色，院落基本完整，被保留下来，这些年旧城改造中这样的特色民居已受到有关部门的重视。

图3-1-10

别看这破旧的金柱大门在街上并不引人注目，即便是这样的门户在老城一带也屈指可数了。

图3-1-11

这种门枕石的雕刻，在老城区也只是金柱式大门前有时能见到，为门前增色不少，随着城市的发展，多数随着民居建筑一起消失了。

门两侧的门柱是用一块整石雕凿而成，方形石柱通体无装饰，柱头稍做线脚变化，石券上方加砖砌门楣，显得十分朴素大气。（见图3-1-9）

4. 双忠寺街3号院

双忠寺街位于鞭指巷北口，是一条东西向的街道，3号院正处在街巷的交会处。院落内的原有老建筑早已面目全非，取而代之的是院内居民改建和重建的小瓦房，院落显得十分凌乱拥堵，原有的院落格局更无从知晓了。所幸该院的院门楼还能存留下来，但也是老旧残破现状堪忧（见图3-1-10）。该门楼是金柱式大门，外檐柱间的雀替已损，花板上的木浮雕朽损严重，中间一块纹样依稀是“双狮绣球”其他装饰纹样已很难辨认。原来的走马板也没有了，据说原走马板上还刻有吉祥纹样，现在只是几块旧木板代替。门扇和抱框等处油漆早已失去了光泽，显得十分陈旧，不过该门的门枕石保存基本完好，由祥云、兰草、梧桐、鹿、鹤等形象构成，其形象组织繁而不乱，十分有章法，而且在一幅画面中出现几种吉祥寓意组合，也是不多见的（见图3-1-11）。该门楼的屋脊相对完整，是济南民居门楼上常见的一种形式，脊的两端翘起，特征明显，造型舒展大方。3号院内还有一独立影壁，目前该影壁被住户自建的小房当“山墙”用了，只是露出影壁瓦顶和檐口等一小部分。影壁正面檐口部分仿木结构的砖椽子，做工一丝不苟，檐口下的砖枋子上有一组雕刻，主要是以“卍”为装饰元素，进行装饰变形，纹样细密生动，构思巧妙，做工十分考究。在济南老城的传统民

图3-1-12

该影壁尺度不大，特色突出，将其作为房屋的墙体来用，也许是住户的无奈之举。

图3-1-13

额枋花板透雕有梅花、牡丹、兰草。木刻雕细密精致，充满盎然生机，既有整体的协调统一，又有富于情趣的细节变化。

居院落中，独立的影壁所剩无几，3号院的影壁虽然大部分被小房所占用，但至少是存留下来了。

5. 双忠寺街21号院

从3号院往西不远就是21号院，原为三进四合院，大门在倒座东南侧，也就是风水上常讲的开在院落的巽位。该院如今也是个大杂院，院内原有建筑多数现已不存，整个院落只有大门、倒座和后院房屋等还部分存留原有风貌。其中21号院大门基本保存完整，门前檐柱间的额枋花板和花牙子（雀替）得以幸存，且雕饰精美（见图3-1-13），有趣的是它的雕刻纹样内容与鞭指巷陈府门前一致，也是“葫芦蔓枝”，只是位置和技法有所不同。

另外该大门盘头部分的砖雕精致优美，在老城传统民居门前装饰中也显得十分突出，挑檐石的迎看面是“夔龙捧寿”纹样，上为雕花盘头，头层回纹，二层是以牡丹花为装饰。戗檐砖三个面的转折处用祥云柱分隔，三个面上都有砖雕装饰纹样。西侧的戗檐砖迎看面是由竹子和灵芝组成的“平安如意”图案，东侧的是梅、兰、石图案，盘头的外侧面都是一盆“万年青”花雕，内侧面则是“松鹤延年”雕饰。

该大门的正脊已毁，走马板也不知去向，住户说是被人偷走了。门两侧的门鼓石为常见的“方鼓子”造型，上面的图案也受损严重，大体辨认出内容多时是吉祥寓意的形象组合（见图3-1-17），包括有荷花曰“清白人家，菊花鹌鹑美曰“平安长寿”（或曰安居），和喜鹊、梅花、“喜上眉梢”一幅，以及“天马行空”“芝牛望月”等等。还有一点值得注意的是在大门的西侧倒座的墙壁上，有三个形态不同的栓马桩，这在济南现存民居

图3-1-14

双忠寺街21号院的大门，是济南老城区现存比较完整的金柱大门，特点突出，型制规范，门前“三雕”工艺十分出色。

图3-1-15

戗檐砖部分的雕刻引人注目，上有“万年青”竹子、梅兰等植物、花卉造型。

图3-1-16

“夔龙”是龙形的萌芽期，在商和西周时期的青铜器上，夔龙纹是主要的纹饰之一。

图3-1-17

双忠寺街21号院的门鼓石集多个吉祥寓意图案于一体，足见主人求吉纳福的心愿。

中是极少见的。据说该院落历史上曾经是国民党一军官的私宅。

6. 启明街87号院

该院在小巷深处，台基高出街面许多，金柱式大门座西朝东，对面就是将军庙街的天主教堂。87号院的大门整体年久失修，油漆剥落，局部残缺（见图3-1-18）。但大门的走马板和门枕石保存相对完整，其图案十分精美，走马板为浅浮雕工艺，吉祥纹样是由“五福捧寿”，和“福寿万代”组成，飘动的云间五只蝙蝠簇拥在团寿周围，构成图案的中心，两边对称雕刻有蝙蝠与寿桃图形，整个画面形象概括夸张，颇具动感，寓意表达准确生动。二是门枕石，87号院大门的门枕石正面一组雕刻，为平面性浅浮雕，如同以刀代笔，绘画感极强，特别是采用阴刻线丰富轮廓形象的方法，使形象表现更为生动传神，化解了平面轮廓可能带来的单调感，极大地丰富了画面的视觉效果。同时运用平面展开法扩大了空间的表现力，使得构图更加饱满，疏密对比关系处理的恰到好处，雕刻形象具有浓厚的装饰韵味。虽然表现内容也是求吉祈福，但构思独具匠心，达到内容与形式的完美同一。其中包括，狮子、毛笔与如意代表“事必如意”，而猴子、蜂子、印、松树则寓意是“封侯挂印”。门枕石侧面的图案以花卉、器物为主，比较有趣的一幅画面是表现儒雅的室内陈设景致，传统的八仙桌，茶几上面有插牡丹花的瓶子、笔筒、书籍等物品，墙上有一只挂钟，钟摆偏向一方，使人仿佛听到钟声在滴答作响，挂钟上方有一幅镜心兰草图，也似乎在昭示着主人的君子之风，桌边还有露出一角的古琴……这些看似普通的生活场景，都包含美好吉祥的寓意，如“终生富贵平安”

图3-1-18

启明街87号院在小巷的南首，再往南一些的原高都司巷及民居早已被拆除，该院有幸存留下来。门楼的特点十分突出，尤其是门前的木雕、石雕工艺，特色鲜明，独具匠心，具有较高的艺术水准。

图3-1-19

“走马板”是金柱门前装饰的重要组成部分，该走马板雕刻技艺娴熟，颇具欣赏性。、

图3-1-20

87号院布满装饰纹样的门枕石，是济南民居最美的门枕石之一。

图3-1-21

门枕石上几及富装饰性的雕刻“事必（狮、笔）如意”、“封候（蜂、猴）挂印”。

图3-1-22

西公界街6号院的门楼，没有那种浮躁与炫耀的雕绘装饰，体现出主人一种沉稳、平静又很低调的处事心态。

图3-1-23

将该大门楼放在哪个时代的背景中，可以感受到，虽然没有完全脱去传统的形式“外衣”，但其“改良”的风格显而易见。

等，而且用装饰性的画面，生动地展现出来，显得更加具有生活情趣。济南老宅门前的“三雕”工艺虽然表现内容比较广泛，但主要是围绕吉祥与祈福这个主题，体现了当时人们的崇尚与期盼，所谓有图必有意，有意寓吉祥，与山东省其他地区老大门前的装饰图案一样，基本都有此规律。

7. 西公界街6号

据说是民国时期一处律师的宅第，与通常的金柱式大门不同之处是，用砖墙替代了原金柱大门两侧的余塞板和门额上面的走马板，除封檐板下的花牙子外，大门的其他部位没有加任何装饰。花牙子是由蝙蝠和桃组成的花样透雕，成为大门立面唯一的装饰，有很好的点缀效果，大门整体风格显得十分平和、素朴。（见图3-1-22、图3-1-23）

8. 金菊巷3号院

金菊巷是一条东西走向的小巷，巷子的西口就位于芙蓉街中段，从热闹的芙蓉街拐入该巷会给人一种幽静的感觉，3号院在巷子的东头，该院曾是济南著名鲁菜馆“燕喜堂”最初的店址，在3号院的东邻是“燕喜堂”主人的宅居，现在依然由其后人居住，据“燕喜堂”赵家后人讲，自从1932年“燕喜堂”在此开业直到1948年，燕喜堂在这里经营了十几年，由一个小巷内的饭馆，成长为济南当时的鲁菜名馆之一。

3号院原为三进四合院，金柱大门，如今院内的老房子早已不存在了，临街的大门算是唯一幸存下来的“老建筑”，虽然前些年有关部门对该门进行了大修，换了屋顶，重新粉饰了墀头墙，但大门原有的一些老构件被保留下来。门前那对抱鼓石就是其中之一，上面雕刻有多幅吉祥图

图3-1-24

前些年济南市有计划的对旧城部分街区及老房子进行了整治修葺，3号院正处于片区范围的边缘，也得到了维护。而芙蓉街以西的老街巷，至今还没进行有效的维修整治，许多院落的老大门已岌岌可危。

图3-1-25

金菊巷3号院大门的抱鼓石，保存基本完整，其花卉、动物雕刻，造型简洁、风格粗犷，是抱鼓石雕刻的佳作。

案，有表现“封候挂印”的两幅，以及蝠、鹿，莲花，云鹤等花卉、动物图形，而其中比较独特的一幅图案，是钳芦苇的两只螃蟹，该幅图案的寓意为“二甲传胪”，旧时的科举，称会试第一为会元，二甲第一名为传胪。“传胪”也称“胪唱”原是指新考中的进士在等待皇帝召见时，传旨过程的依次唱名召唤。至清代时“传胪”是二甲第一名的专称。图案在此以两只螃蟹，寓意“二甲”，“芦”与“胪”是谐音，这也是传统吉祥图案常见的表现方法。

图3-1-27

屋脊形似一个“元宝”，造型十分轻盈，所以也称“元宝脊”这种脊也常用在耳房上，视觉效果极佳。

9. 老城民居的如意门

济南民居的如意门一般门框两侧没有砖墙封挡，门楣部分无装饰，向上用青砖砌至屋檐下，青砖的排列形式（包括墀头墙部分）多是按照空斗砖墙的排列方式砌筑，空斗墙是将砖按一卧一陡（斗）的方式交替砌筑成的空心墙体（见图3-1-26），有些还在中空部分填充些如泥土、碎砖或炉渣等，目的是起到保温隔热的作用，此外空斗墙还有自重轻、省材料以及造价低的优点，漫步济南老城的街巷中，会常见到这种空斗砖墙的房屋和如意门楼。

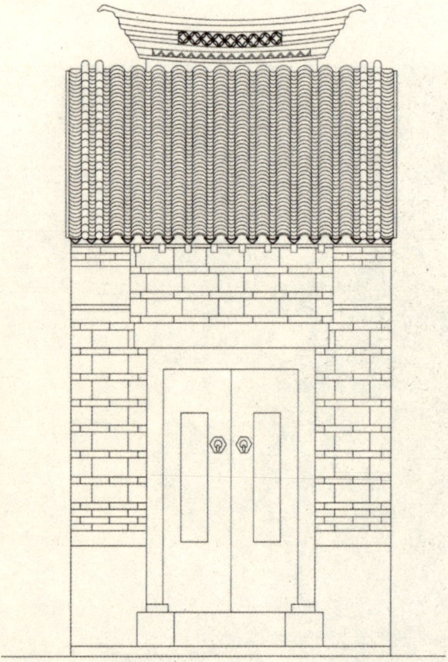

图3-1-26

济南的如意门，由于门扇装的更靠外，门里的空间比较大，过道两侧常堆放物品。

济南的如意门屋顶为硬山式，屋面铺小青瓦，其屋脊的造型一般是缩小支点、两端起翘，形成富有动感的曲线，形态十分优美。如意门前的石活包括，角柱石、青石台阶、门枕石和挑檐石等，再者济南的如意门前附属装饰不多，有的只在戗檐砖上稍加装饰，所以青石、青砖配上黑漆的大门，整体显得格外朴素整洁。

二、济南市辖区内的乡镇民居

1. 历城区乡镇民居

历城原是济南的一个近郊县，现为济南市五区之一，也是面积最大的一个区，如果看地图，就会发现历城区从东、南、北三个方向围绕在济南市区周边。以往区域内传统农业人口占有很大的比例，古老的乡镇历史悠久，文化遗产较为丰富，是继济南老城之外又一传统民居遗存比较集中的区域。历史上历城的人口很大一部分是外来的移民，村落主要由不同的姓氏家族为单元构成，由于是聚族而居，祠堂家庙成为人们生活中必不可少的空间活动场所，祠堂是供奉祖先和家族议事之所，也是对族人的教化之地，是一个家族维护封建礼制的“公堂”。自古以来，华夏民族的先民就有对自己祖先的祭拜之俗，目的是求得先人的保佑和庇护，所以每逢大事，或遇灾祸必先求神拜祖。同姓族人的村落或大的家族一般都建有自己的祠堂（宗祠），而祠堂的建造通常都比较讲究，无论选址、用材和做工、式样都胜过宅居一筹，反映出族人对自己祖先的尊崇。

祠堂作为祭祀先祖先贤的庙堂，历史上秦以前“天子至官师皆有庙”，秦时在专制制度下，“尊君卑臣”，于是除了天子之外，“无敢营宗庙者”，建祠成为皇帝的特权。汉代崇尚厚葬，祠堂首先出现在公卿贵人的墓地，始称墓祠，以后随着社会发展，祠堂逐渐成为维护封建社会礼教和宗法制的场所，所以统治者对民间祭祖祠堂的建立也就没有严格的限制了。

在历城唐王镇娄家庄村，有一处娄氏宗祠，位于村的西南侧，建筑布局为三合院形式，后人在院落中间加了一道影壁墙分割了院落空间，形成现在的二进院落，前院的建筑都是后来新建的，宗祠原房屋为砖木石结构，祠堂正殿坐北朝南面阔三间，下有台基前有檐廊，东西两侧各有三间配房，也是前出檐形式。该宗祠始建的具体年代说法不一，从现存建筑的风格以及雕刻工艺比较看，祠堂应为清末或民国时期的建筑。

娄氏宗祠的大门为金柱式大门楼，硬山顶，屋脊的两端有鸱兽脊头，花砖屋脊等与祠堂正殿的屋脊相一致，上面布满吉祥花卉雕刻。檐枋下的花板上透雕着荷花、牡丹、菊花等纹样，并施以彩绘。而大门的门枕石上的雕刻则别有一番情趣，雕刻内容以壶、盏、碗、杯等茶具为主，表现形式简洁概括，以茶具为装饰纹样，不仅给人以清心淡雅的感觉，还传达了济南人对茶的浓郁偏好。以茶待客、以茶会友是国人普遍的一种礼俗，中华民族素有礼仪之邦之称，饮茶的历史十分久远。“茶”所形成的茶文化内涵更是丰富多彩，历代文人墨客咏茶赞茶的诗、文不胜枚举，宋代大文学家苏轼就曾不惜笔墨写就咏茶的长诗，成为对当时国人饮茶史的生动写照，而其《寄周安孺茶》更以“从来佳茗似佳人”的比喻，来赞誉茶之美。茶也为人们的生活添加了许多的乐趣和礼

图3-1-28

宗祠的大门也代表着家族的“脸面”，所以人们在修建宗词时，对大门的装饰自然十分重视，此外大门的体量要与宗祠建筑的规模相协调，古人建祠其中也包含以此来提升家族的威望，大门要体现出庄重、气派的外观风貌。

图3-1-29

因经济条件所限还没来的及改建的老房，在各地是普遍现象，如今文化思想观念提高的人们，许多主动申请当地的文物部门考察自家的老宅老户是否具有文物价值，能否进一步的开发为旅游资源。

图3-1-30

窗的内侧可以看出，像板门一样的结构，防护性在这里是第一位的。

数，长期以来以茶待人体现了一种将生活中的习惯与礼仪相结合的现象，并让人为之乐此不疲。该门枕石雕刻正是巧妙的运用了这一含意，让观者回味无穷。

历城的董家镇因庄而得名，早在明崇祯《历城县志》中就有“虞山路：董家庄”的记载，村以姓氏命名，村民的祖上原籍为河北枣强县，明代时迁来此地。该

图3-1-31

山墙上开的小窗，砖雕的垂花形雨搭（小屋檐），除防护作用外，也具有很好的装饰性。

镇上的一处民居，原有的院落格局已毁，现存后院内有一小楼位于院落的东侧，中间开一拱形门，上部半圆拱形部分没有开窗，而用木板封住，下面留出高约1.8米左右的两扇小门，一层只有朝西的两个用石条做的棂窗，内糊发黄的挂历纸，屋内十分幽暗。楼内二层楼板留一小口通过梯子

爬上去，二层的房间四面各开一个小窗，整栋楼上下两间，没有间隔，房间内部也十分简陋，二层的室内无吊顶，屋顶的梁架结构一览无余，内部堆满杂物。该楼门小窗小，窗是原始的木板扇没有玻璃，窗口两侧还留有坑槽，必要时像门一样插上“腰杠”，如果关上门窗内部非常封闭。不过这种结构的窗，在省内其他地方的同类型建筑上也有发现。目前小楼还能保持着原有的摸样，据主人讲是家里经济条件不行，不然早改造了，要是那样或许我们见到就是一个“小洋楼”了。

2. 济阳县乡镇民居

济阳卢氏旧宅。济阳属济南市现辖的三个县之一，地处黄河北岸，回河镇位于济阳县城西南，原北洋军阀将领卢永祥的故宅就在该镇的举人王村。卢永祥（1867—1933）原名卢振河，字子嘉，系北洋军阀中皖系骨干。儿幼时读过几年私塾，二十几岁时外出投军，曾入北洋开办的武备学堂学习，加入袁世凯的新军后一路升迁，辛亥革命前为北洋军第三镇第五协统，相当于旅长，袁世凯窃取民国大总统后，卢曾任过军陆第十师师长和淞沪护军使，以及后来的浙江军务督办等职。1924年的“江浙大战”中，由于受到江苏直系军阀齐燮元和福建直系军阀孙传芳的两面夹击，卢大败被迫下台后流亡日本。同年第二次“直奉大战”爆发，直系将领冯玉祥反戈一击，发动北京政变，也助奉系取得了胜利。卢这时已从日本返回，与冯玉祥、张作霖等共同拥举已经下台的段祺瑞出来执政，卢永祥遂被任命为苏皖宣抚使。后因军阀派系之争，已无兵权的卢早已不是他人的对手，故辞去官职，隐居天津。67岁时因病身亡。

卢永祥旧居建于上世纪初叶，是一座大的宅院。原来的宅院建筑分成南、北两部分，由住宅和祠堂组成，共占地约七亩左右。住宅和祠堂间有一条东西向的村路相隔，路南为住宅，正房现已残破，只剩3间西屋。路北的祠堂现存房屋均为砖木结构，硬山顶，房屋建在高高的台基之上，台基高出室外3步到4步台阶，正房和东西厢房的前檐都带有外廊，据了解，祠堂后来曾经做过村里的粮库和小学，虽然原有的院落布局已无从考证，但从大门与

图3-1-32

卢氏祠堂大门，大脊两端吻兽收头。屋大脊两端的脊头在形式和规格上有许多变化，古时对于不同的建筑样式用何种脊头，也有明确的限定，像这种鸱龙脊头多用在大的殿堂之上。虽然该大门的脊头已破损，但大脊保存较完整，大脊是陡砌的花砖脊，表面的花卉浮雕，在阳光下极富立体感，视觉效果颇佳。

图3-1-33

祠堂大门内侧，门里的过道较深，可以看清金柱大门结构形式。

图3-1-34

该大门上的浮雕装饰纹样包括中间的一幅荷花、两侧分别是竹子和兰草，这种西洋建筑的风格样式与中国传统建筑文化相结合的产物，形式变化多样，有时也显得很生硬，像未做熟的“夹生饭”，反映了近代济南城乡建筑受外来文化的影响，所走过的一条曲折之路。

图3-1-35

大门上的装饰浮雕大部分已剥落，剩余部分依稀可辨一只雄鸡站立在鸡冠花下，“官（冠）上加官”的寓意对于卢大将军来说十分贴切。

祠堂正殿的距离看，应为二进院落，这与传统的祠堂建筑一般在进大门后，设有较开阔的院落，官宦大户人家还常设仪门，比较相符，使院落具有纵深感，体现庄重、威严的空间环境气氛。该院落西侧还有一小的跨院。祠堂临街的一侧由倒座房和三个门组成，中间的为传统中式大门，两侧的旁门为西式风格。中式大门正面看顶子为歇山式，门前两侧呈斜面八字形，余塞板上装饰“瓶生三戟”（平升三级），和团寿图案，走马板上也有梧桐、鹤，松树、鹿，以及牡丹等花纹装饰。另有一对小狮子立在门前，造型十分生动，只可惜底座也就是门枕石部分已埋于地下了。再就是门楼的双坡顶子，两侧采用不同的屋顶形式，外侧如歇山式而内侧则是硬山顶，这种屋面的处理方法在齐鲁民居中是比较特殊，多少反映了主人行事任达不拘的一面。该大门现基本保存完整，虽经历近百年的岁月，依然难掩当年的华贵和威风。祠堂两侧的中西混合式旁门，由于村路抬高，旁门早已废弃，大门的入口处被土掩埋了大部，门前杂草丛生，从露出的部分看，两个旁门的风格样式基本一致，旁门的立面犹如一堵高大的山墙，表面加有砖柱分割，中间同是砖券半圆形状的门洞，门洞上方的墙面由砖柱分成三部分，每部分的表面都有传统风格的花卉造型做装饰，顶部形成中间高两边低的“山”字形，并且外轮廓作弧线形变化。这种中西合璧风格的大门在济南老城也有许多，样式不一，多是近代受国外建筑风格的影响，结合传统形式而建。

图3-1-36

大门楼历经风雨，目前基本保存完好，门内过道开阔敞亮，门口上的石过梁长220厘米，厚20厘米，一块整石雕凿而成。宽大的门洞正面两侧用砖遮挡起来，留出中间装上抱框和扇门，虽不如城里的金柱大门轻巧华丽，但也落落大方，不失体面。屋顶的正脊脊身满布牡丹、瑞兽、祥云等砖雕纹样，具有很好的装饰效果。

图3-1-37

迎门的大红“福”字，使院落中一年四季透着喜庆、吉祥，壁面用瓷砖改造过，壁心烧制上红福字到省得年年换新的了。

图3-1- 38

倒座房上的砖砌圆形窗框，内嵌仿木质的石头棂窗，窗棂条是由一整块石板雕琢而成，

3. 章丘市乡镇民居

袭家大院。袭家院落位于章丘普集镇阳官村，袭家是普集镇杨官村里的大家族，据说从明朝万历年间袭家先人来此定居，香火延续至今已有四百年左右的历史。现存的这一处袭家大院就是袭家第十七代孙袭肇运于清朝嘉庆年间在杨官村建造的，如今也有近二百年的历史。在最兴盛的时候该家族在村中有许多处院落，但现在保存下来的只剩几处，有的早已无人居住。袭家院落的大门，要比一般的屋宇式大门更宽大，如今虽显得有些苍老，但仍然干净、整洁，站在门前依然可以感受到一种高大宽阔的爽气，大门的头层盘头上砖雕回纹，二层宝象花纹，戗檐砖上有瑞兽雕刻，构图饱满，技艺精湛，装饰性的动物造型特点突出，优美生动，也是该大门前所剩无几的装饰之一。

图3-1-39

门楼内部空间十分高大宽敞，从门里看得出主人的缜密，扇门上有两道木门闩，此外用还可以上栏门杠（腰杠），这样的防护别说撬门，砸也不行。

听袭家人讲起，当时建房用的所有材料都是经过精挑细选的。如木料讲究“金梁玉柱铜檩条”金梁是指选择上等榆木做房梁，取榆梁谐音“余粮”，愿家中年年有余粮，十分美好的寓意。像这样借谐音吉意，以表达自己的心愿和追求，是传统居住文化的重要组成部分，体现了民俗民情对宅居建造的重要影响。而“玉柱铜檩条” 就是指楸檩、松柱，都是当时上好的建筑材料。此外建房的砖瓦也是定做的，从选料到烧成工艺都是当时最佳的。在砌筑砖墙时灰浆里还要加入糯米汁进行调和，增加灰浆的黏度，使得墙面灰缝较小，砌筑更为精致，这些都是普通民居建筑所无法实现的，所以袭家大院的建筑虽然局部构件或有残缺，但主体至今仍然神采依就。

图3-1-40

门口的抱鼓石上刻有铜钱和蝙蝠，正面3只，内侧面两只，象征“五福”或曰“福在眼前”。拐角处刻有竹节，抱鼓石上的纹样处理简洁、规整、严谨，且雕刻细腻精美。

章丘南部是山区丘陵，北部为平原和沿黄洼地，平原地带有钱大户建砖瓦房或二层楼房，楼房砖墙还常夹杂“真石”起

图3-1-41

这是袭氏后人曾经的一处院落，大门保持了袭家族门的特点高大宽阔，硬山顶铺小仰瓦，平顺的正脊很是气派，挑檐石上的头层盘头雕饰如意花纹，戗檐砖三面向内缩进，使盘头部分形成“束腰”，就这样的一点变化，让大门整体显得十分轻盈，减少了大体量屋宇式大门的笨拙感。

到加固墙体的作用。一般人家的房子多为石墙基的土坯抹灰墙体，只在屋角和门窗口加砖砌筑，章丘现存的传统民居以清末至民国时期的建筑为主，多为一进四合院落，平面格局东南门、东屋一般为饭屋。讲究些的人家在大门内建独立影壁，或在东厢房的山墙上建一座山影壁，影壁一侧有小垂花门，也就是院的二门。北屋是正房，三开间至五开间，多高于其他厢房。旧时当地建房时，还兴卜算吉日，占卜一下“三煞”的方位，免得犯冲，所谓“三煞”为劫煞、灾煞和岁煞。因每年的方位不同，犯冲时就不建房。

章丘这片古老的土地上，汇集了众多清代至民国时期的传统民居，随着岁月的变迁和城市的发展，许多传统民居消失了，有的受损严重，有的因居民维修不当留下许多遗憾。袭家大院只是众多例证中的一个，相比之下一些地处偏远的老村落的民居则基本保持了原汁原味，如位于章丘南部山区的朱家峪村就至今保留有许多古老的建筑物，老宅老户古韵尤在。朱家峪原名城角峪，后改为富山峪。明洪武四年（1371），朱氏家族先人从河北枣强县迁此定居，从那时起，朱氏后人就在此世代生息，耕读传家，日益壮大起来，古村三面环山，山地院落依地势而建，随高就低、上下错落，村间道路和街巷，曲曲折折，高低参差，走在村中感受到的是一种纯朴和宁静，时光好像在此凝固了。

图3-1-42

大门檐檩下装垂花形罩面，布满雕刻花纹，有透雕什花卷草纹，以及一组荷叶造型，两侧垂柱端头雕成八面体，形似一花灯，上有莲花形雕刻，在花灯顶部还雕刻有叠在一起的两片荷叶，盖在花灯上，形态逼真，生动有趣。

图3-1-43

院中的二门是一比较简陋的垂花门形式，垂花柱的形式与大门上的近似。

图3-1-44

朱氏家祠的大门，门前八字形水磨砖墙，入口为砖筑发券，受外来文化影响，传统的建造风格中融入许多的西式建筑元素。

图3-1- 45

朱家峪民居大门楼的垂花罩。装饰的使人感觉有些眼晕，至臻雕琢，为门户增色不少，成为大门楼前当仁不让的焦点。

朱家峪人自古尊儒重教、崇耕敦礼，小山村的历史上先后办过多处私塾，上世纪30年代还创办了朱家峪女子学堂，在那个年代一个古老的小山村在章丘率先提倡女子教育，在当时颇具影响。学堂取名山阴学堂，现存四进院落，院落间的门建在两房之间，沿中轴线贯穿南北。院内房舍粉墙黛瓦，青石砖基，从建筑材料到建筑样式以及色彩的应用，都十分古朴素雅，在青山绿树的怀抱中，有这样整洁的读书环境，可见朱家峪人对教育的重视和远见，也着实难能可贵。

在古村北部东侧有一座朱氏家祠，建于清光绪八年（1882）。祠堂大门坐东朝西，因民国时期重建，具有明显的中西混杂的印迹（见图3-1-44），拱形门间装西式铁栅栏门，透过栅栏门迎面可以看见一高大的砖影壁，将院内景致遮蔽，家祠分前后院，后院正殿坐北朝南，是一硬山式建筑，三开间檐下朱红色的廊柱，殿前两株古桧柏形态各异，或苍劲葱郁，或扭结上耸，若虬龙蟠曲，为祠堂平添了几分威严和庄重。目前村里仍基本保存了原有的建筑格局，还有众多的古桥、古道、古庙、古宅、古泉等古建遗存，这其间两处有楼房的宅院在山村显得格外突出。一个就是进士第，这是清末进士朱逢寅的故居，宅院顺坡就势建在不同标高的台地上，由上下两个院落组成，上院硬山黛瓦的两层小楼，上下共四间，是主人当年开办私塾的藏书楼。下院大门坐东面西，门前有一影壁，大门檐枋下的花木雕丰富了建筑立面的装饰效果，额枋板上的透雕花纹中间一幅“福寿双全”，两侧各有一幅“富贵牡丹”，额枋板的下面是一“缠枝葫芦”的木雕花罩，刻工精巧，形式优美（见图3-1-45）。

4. 长清区乡镇民居

长清孝里镇方峪村的石头屋。孝里镇因二十四孝中“郭巨埋儿”孝母的故事而得名，区域内拥有齐长城起点遗址，古老的山村就坐落在它的尽头。青山环抱的方峪村，据说先祖也是明代洪武年间自山西洪洞县迁移而来，有关资料显示，从明洪武年间到永乐五年，山西向山东共有四次大规模的人口迁移，移民遍布山东各地，这样算来方峪村由方姓族人在此建村，至今已有六百多年的历史了。村中的石碑、古槐以及井口石板上被井绳磨出的深深印迹，仿佛都在向人们诉说着一段尘封已久的故事。

山村当地有着丰富的石材资源，村里的建筑基本都是用石头砌筑而成，村落以带倒座的三合院居多，也有不规则的四合院，以及三间北屋和两间东屋的二合小院。房屋的墙体用方整毛石干插起来之后外面嵌灰缝，室内抹灰，原先房屋是没有后窗的，后来才有人家修旧房时开了后窗。石头房的屋顶则是在苇箔（或秫秸）上先覆一层草泥，然后再用白灰加碎石头子捶制成的囤顶，有的还沿屋顶四边砌一圈条石，并在檐口处安置石制的水流子，这样屋顶排水就不会殃及粗陋的墙体，同时屋顶还可以做的平一些，成为人们晾晒粮食的好地方，也让屋檐的立面效果显得整齐划一。置身村里满目皆是，石头房屋石头墙、石板铺就的村间小路，就连门窗上的小屋檐，也是用石板搭建的，这种用石板做的雨搭（小屋檐），也是山村石头门窗外观的一个共同特点，其结构简单实用，并具有独特的装饰效果，大门讲究些的开在倒座一侧，形成一大门洞，门洞上部隔成储物空间，正面开一小窗，用石条或木条做的窗棂。一般的大门洞开在倒座房的一侧或与倒

图3-1-46

石头大门洞只在挑檐石端头稍做装饰处理，再无其他雕饰，整体看古朴中透着细巧与美感。开在倒座房一则的门洞空间相对大些，上部一般再隔一下，用于储存杂物，人口多的人家，有时让孩子们住在上面。

图3-1-47

与许多古老的山村一样，年轻人早已在山下的新村安家，村里只剩些故土难离的老人。望着山村石头屋前的大槐树，不由使人想起那些流传的民谣“问我祖先在何处，山西洪洞大槐树，”……当时到山东的移民，济南府及周边地区是几个主要的目的地之一。

图3-1-48

山村多数院落一般只有一个寝屋，三开间面南或向西，有的临街的倒座房就是小院的主屋。院中再建一更简陋的灶间，一户人家的日子就这样开始了。

图3-1-49

开在石头门洞上方的小木棂窗，半截的木棂条在这也许不只是一种装饰，如果里面住着顽皮的山里娃，至少可以阻挡一下。

座相接，简单的就是一随墙门。

第二节 鲁中地区民居

一、淄博民居

淄博地区的山地丘陵面积占到总面积的一半以上，区域内传统民居，因地理环境的不同而形成差异。市辖区中南部的博山区三面环山，沟壑众多，宅基用地紧张，民居密度大，许多民居临坎靠崖而建，建房材料多选用石料作基础，有的从沟坎下垒石砌壁，形成高大的护坡石墙，并直接作为房屋墙体的墙基使用，可谓不浪费每一寸土地。历史上博山从事陶瓷行业和在煤窑上干活的人居多，这也形成当地淳朴的民风，生活中人们心灵手巧、吃苦耐劳。民居建筑上虽然所用的材料都比较简陋，但房屋建造细致，家家户户屋里屋外收拾的干净利落，简朴的院落中，植树养花充满生活的乐趣。中部丘陵地区北部平原地带的传统民居，土木结构的为主，草苫屋顶，碱墙用石料，砖只是用在屋角和门窗嵌边，以及做腰线用。在淄博地区，传统老宅的屋门一般都用格子门形式的门扇，当地称这种门为“半门”，很形象，因为只有半截“门板”或起到板门的一半作用，所以人们常在格子门内再安装一道板门。格子门的格心、绦环板和裙板部分常有图案雕饰，具有很好的装饰性，是传统建筑装饰装修的重要组成部分。淄博民居中的格子门虽不能与殿堂、厅堂建筑上的格子门相比，但区域特征突出，并带有普遍性，首先当地民居格子门的使用不分房屋，正房、东西厢房都可以

图3-2-1

博山当地人习惯尊称老人为“有年纪的”，这家的格子门，直棂窗也昭示着这间房屋有些年纪了。

图3-2-2

图3-2-3

博山区石马镇淄井村民居的大门，虽已老旧了些，工艺也没那么讲究，但在村里也算是大门脸了，戗檐砖及门枕石的雕刻装饰同样引人注目，挑檐石、腰线石、角柱石样样齐备，尤其是迎门的影壁也为门前增色颇多。山墙墙心糙石砌筑，这也是当地丘陵地带人家盖房常用的一种做法，砖与石交错不但具有变化，显得古拙大方，重要的是这种做法也比较节省。

用，格子门的尺度不大，变化主要集中在格心棂条花纹的拼组样式上，而裙板及绦环板部分则无雕刻装饰，一般也不上漆，多为木本色的裸面扉门，它的运用体现了当地传统民居装饰装修简朴、灵巧及实用的一面。以往淄博民居的窗户为固定的木棂窗，内侧裱糊白纸，因窗户不大，所以屋内光线较弱，窗也多为原木色，有些漆成黑色，与屋门的颜色相一致。从室内布置上看，当地人家几乎都有一张大漆的罗汉床，生活拮据些的，屋里可以没有其他家具，但罗汉床基本是不会少的，罗汉床制作精良，三面装有围栏板，板上有各种雕花装饰，也有素面的，所用大漆光亮、饱满，大漆的特点是经久耐用，越擦越亮，即使年代久远，但漆膜依然光可照人。普遍使用大漆家具，这也是淄博民间生活习俗和室内陈设的一大特点。在当地民居过去砖瓦到顶的房屋只有少数有钱人家盖的起，如今家家户户盖起了砖瓦房，传统的老宅消失了，同其他地方的民居建筑一样，民居保存几十年不变的不多，每一次的修葺翻新都会失去许多古老的信息。毕竟改善居住环境是人们建房的首要目的，选用新的物美价廉的材料取代旧的材质，这是民居建筑的时代特性，以往随处可得又廉价的建房材料，而今变得费工费时又难以寻觅。不过许多传统的生活方式和居住习俗，依然影响着当今人们的生活。正如许多城里人回归乡间一样，也是一种怀旧圆梦的不舍情怀。

1. 蒲松龄故居

蒲松龄故居位于淄川洪山镇的蒲松龄故居，一座古朴典雅的农家院，院落由左、中、右三个院组成，据了解现故居是上世纪50年代在原址上重建的，最初只是一个有三间正房和东西厢房的小四合院，后逐渐扩大，形成现在的规模。当年蒲松龄分家时只得到破旧的三间老屋，一生曾多次参加科举应试的他，每每屡试不第，万般无奈之下，只能以教书为生计，虽然始终没有实现通过科考赢得功名的愿望，但蒲公为后人留下一笔丰厚的文化遗产。

故居院落内茅屋瓦舍布局有序，月亮门连接前后左右的各进院落，院中藤萝攀垣、修竹映翠、绿树遮荫，显得十分幽

图3-2-4

故居大门将檐口和额枋板以及雀替漆成了绿色调，并以红、蓝颜色点缀其间，多了几分神秘。

图3-2-5

院落中的月亮门，藤萝盘绕，门前的小狐狸形器具造型生动，使得门前景象带有几分“鬼异”色彩。这多少符合院主人一生的心路历程，现实生活中的坎坷和孤愤，只能通过狐仙鬼魅的故事，来揭露当时社会的腐败、黑暗。

图3-2-6

故居内的门窗统一漆成了黑色，门窗在粉墙的映衬下既黑白分明又朴实无华，一些房屋的窗户因展室需要，将里面封起来，窗成了摆设。有时单一的房屋立面，有树影摇曳在门窗之上，到增添了一些情感的氛围。

图3-2-7

明清时期殿堂之上的隔扇门外形修长，格心、绦环板、裙板等处常运用各种工艺手段，装饰的美轮美奂。而淄川等地民居上的格子门（隔扇门），工艺简单，变化集中的格心部分，也以木条插接工艺为主，这是一种简单实用的制作方法，但表现形式比较单调。

图3-2-8

该门的格心是传统的“龟背锦”样式，在长期的实践中，工匠根据需要对各种制作工艺在继承中不断改进、创新。特别是民居不同于官式建筑，需要考虑的是成本、牢固性以及适用性，有时放弃一些装饰元素，显得更简洁爽快。

静安然。院内房屋的四角青砖砌垛，土坯墙体表面抹白灰，方整的青石墙基。屋面有青瓦顶和草苫顶两种，门窗漆成黑色，窗户的式样还有个别老旧的直棂窗。近年新修缮的大门，将檐口和额枋板以及雀替漆成了绿色调，一方面可以理解为充满勃勃生机，是生命的绿色，给人以希望。另一种感觉大门的色调和院内狐形保洁器具等，为故居增添了几分神秘和怪异，这也许出自于受主人作品内容的影响。总体上故居呈现给人一种浓厚的乡土气息，除去入口的大门外，故居门窗式样都没有突出的装饰，而透着一种古朴和素雅，统一的色调、相同的材质与相似的形式，再平凡不过的结构样式，但这也许正是乡村宅居的特色，质朴、简洁和实用，土生土长的气息，同样是一种美的感受。

2. 淄川区乡镇民居

淄川当地的老宅中以三和院与四合院建筑形式的数量最多。一般根据各家人丁情况，人口增加时房屋也随着增加，原来的两合院变三合院落、三合的改为四合院。有的人家倒座房、东西厢房都住人。东西厢房在当地称配房，特别是儿子多的一般分家后各自住在配房里。灶间建在北屋与东屋交界的地方，像是东屋的延续，当地称“挂耳房”，同时“耳房”与北屋之间留有窄窄的通道，去往屋后，院门只要条件允许都建在东南角。但如果后代都是女孩儿，则家里可能就不建那么多的房子了。

寨里镇的邹家村位于淄川东部，是一个再普通不过的小自然村，据老一辈人讲述此村以陈姓为主，在清末有个陈姓做官的，门户较大，势力达大半个村落，村里人都称其为陈“君”，具体名字现今到无人知晓了，用“君”作称呼已显示人们对其身份和地位的敬重。现如今陈氏原有的院落已荒废，只剩残破的东厢房，当地老人讲此院落当时为前后两院，建于清代末年，大门开在东南方向，房子在当时村里也是数一数二的。现存的东厢房为三开间，墙体的裙肩部分用规整的方石砌筑，门窗周边和屋角处用青砖砌筑，中间是厚厚的土坯墙，房屋虽残破但仍然能看出砖石砌筑的工艺是比较考究的。房屋的门窗还在，门是当地常见的格子门样式，格心是直棂木条组成的简单条格。窗的格心如编织的席纹，经纬分明，样式比较独特。（见图3-2-7）

邹家庄另一处老宅址更是残垣断臂，院落约民国年间所建，原来的北上房，现只存一面墙壁并已当院墙用了，原有格子门的格心是由棂条木拼成的“龟背锦”花纹图样，站在原屋内的位置，可以看到屋门两侧的砖跺不是90度角，而是呈一定斜面，这是让向内开启的屋门开的角度更大些，因为在当地，格子门内还有一道实木双扇板门，门板厚约三四厘米，门中间有两道木门闩，牢固闩紧房门。这种两层屋门的形式组合，一是便于通风采光，二是加强了房屋的安全防护和冬季的保温，考虑的十分周全。（见图3-2-8）

3. 桓台县忠勤祠

坐落在桓台县新城镇的忠勤祠又名王家祠堂，原是明万历年间为纪念嘉靖忠臣王重光，而由其子孙后人所建，王重光，乃清朝诗人王士稹的高祖，字廷宣，曾为嘉靖户部员外郎，后调任贵州参议，期间因宫中要重修新殿，王奉诏在贵州采办大木，王重光尽心尽责、不辞劳苦办理此事，常深入险要的崇山峻岭中亲自勘验，终因劳累过度病死于贵州。事后朝廷“追叙前烈”，嘉靖帝钦赐“忠勤可悯”，予以褒奖。

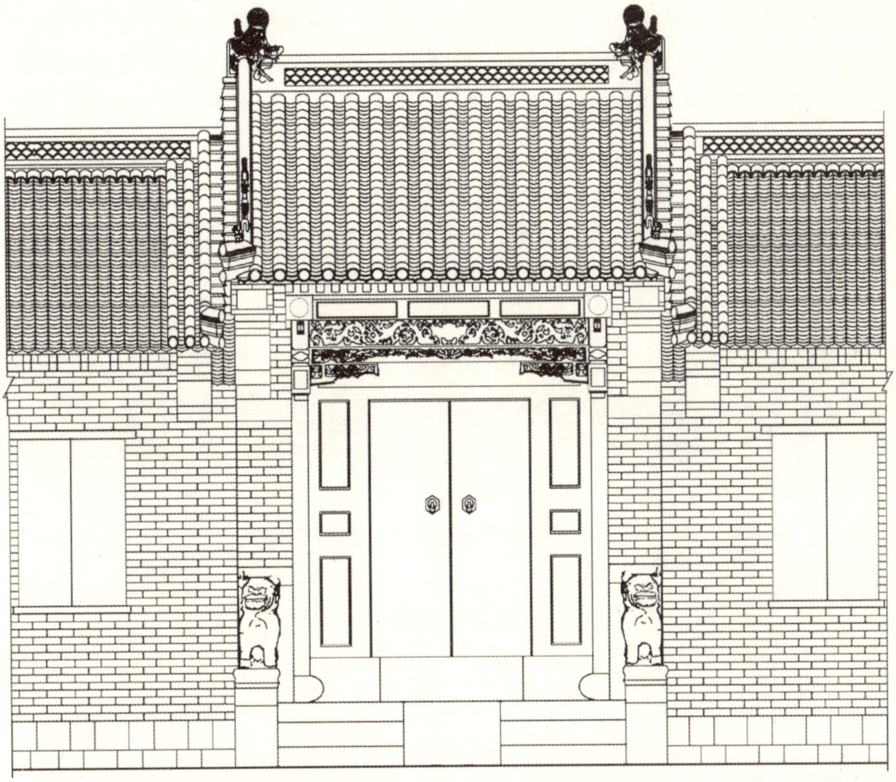

图3-2-9

当时从民间收集了许多原古建上残留的“三雕”艺术品，应用于重建和修缮的各部位。

上世纪80年代时整修后的祠堂拓建成王士禛纪念馆祠堂院落由东西两大跨院组成，重修后的厅堂建筑在风格上保持了明代建筑的特色，忠勤祠的大门为金柱式大门，除檐住间的额枋板雕刻和雀替装饰外，在檐柱外面又加一层雕刻精美的垂花罩，使得迎面的层次感更加丰富，且施以青、绿、白三种主要颜色，并描金加线，整体雅致又醒目，为门楼增添了许多神采（见图3-2-9）。忠勤祠内还存有历代许多书法大家的石刻碑碣，皆是王氏家族将几代人的收藏或集字镌刻成碑，石刻藏品数量众多内容丰富，包括祝枝山、董其昌等著名书法家的亲笔手迹，有在书法史上首定楷书的三国时期的钟繇和“书圣”王羲之的集字刻石，有“初唐四杰”中的虞世南和褚遂良，更有楷书四大家中的欧阳询、颜真卿、柳公权的书体。其石刻具有重要的史学价值及艺术价值，是当地研究王氏家族历史的生动史料，也是书法艺术的绝佳范本。忠勤祠内有一距今约八百年历史的大石屏，初为元代翰林学士、礼部尚书张养浩所有，后被明代兵部尚书王象乾收藏。石屏上“水月松风”四字系王羲之书法集字，背面有警示含意的贪兽石刻，同为石刻艺术的珍品。

4. 周村古商业街

周村古商业街是周村以往传统手工业与商业贸易繁荣的见证，历史上周村属齐国的於陵邑，养蚕、丝织在周村及周边地区具有悠久的历史，并与我国汉唐时期的“丝绸之路”贸易有着千丝万缕的联系。“桑植满田园，户户皆养蚕；步步闻机声，家家织绸缎”，就是对周村丝织业

图3-2-10

传统风格的店铺门面，二层住人或存放货物，楼梯都比较狭窄。

图3-2-11

过街大门，临街的店铺后面都是住家，“大街”重新开街时迁走了部分原住户，舒缓了以往拥挤杂乱的经营业户，也使改造修葺后的商业街，有一合理的人口密度。

图3-2-12

门面装点惹人瞩目，也美化了街道空间效果。

兴旺景象的生动写照。清康熙年间，周村实行了经商者免集税之策，促进了当地经济的发展，也推动了周村与其他地区的贸易联系，清嘉庆时期周村被称做“旱码头”，嘉庆《长山县志》记载，周村“以其不通水路，无巨舰飞帆破浪翻风之概，

图3-2-13

半圆拱形的窗户上面，有一嵌在墙壁中的石块招牌，周村商家的招牌分木制匾额、石块嵌墙式、旗帘文字幌等形式。

故别之曰旱码头云”。那时，周村已是南来北往的货物齐聚之地，重要的商贸活动场所。随着商业的发展，周村的商品分类愈加细化，当地除市集外，城市中逐渐形成各种专业的街市，不同商品的专业销售市场，遍布周村各处，仅在周村古商业街就根据经营业的不同，街区又分大街、银子市街、丝市街、绸市街等等，繁荣时期曾有数十条商业街。

到清朝末期，周村的商业进入鼎盛阶段，并依托临近各县蚕桑养殖和种棉的优势，形成种植、丝纺、棉纺、绸布交易等在内的巨大产业链。之前包括“祥”字号绸布店等章丘旧军镇孟氏家族的许多店铺多是从周村大街陆续开始他们的创业历程的。丝绸、棉纺业的兴旺也带动了周村其他各业的蓬勃发展，如银子市街上就汇集了众多的钱庄，这些钱庄以晋商所开票号为主。到上世纪初，周村的山西票号一直占据钱庄的统治地位。但是随着洋货不断充斥市场，尤其是外国人造丝的进入，使内地的桑蚕丝织业受到巨大冲击，影响了周村经济的发展，当地贸易日渐衰落。

周村古街的商家店铺多为传统商业建筑形式，由一层或两层的门面房和后面的几进院落组成，采取传统的前店后坊，或上居下店的形式，也 就是将加工、仓储和居住与店面销售联在一起，是比较典型的家庭作坊式的经营模式。街道青石板铺地，两侧店铺高低错落，店面雕梁画栋，古色古香，古韵悠长。在中式店铺林立的古街也有近代所建的，兼具中西风格的商业店铺、当时外国资本经营的西式风格的商业建筑。如今的古商业街及传统的建筑虽然只保留下来一部分，但已成为当代研究鲁商文

图3-2-14

燕翼堂大门目前只保留下大的整体结构，其建筑局部装饰构件包括门枕石、垂花罩、雀替等，或残缺不全或早已失落，如同盛极一时的周村古商城，也经历了产生、发展、衰落的一必然过程。

图3-2-15

这是燕翼堂清代古建筑群中一处二层小楼的拱形窗户，在窗的窗眉部分围绕圆拱做凹进状，形成一个砖圈框，也就是古建中所说的落膛，作为一种装饰做法用在窗眉处并不多，常见的如砖匾、廊心墙等处采用这种砌筑法。

图3-2-16

该院门外观如蛮子门，比较宽大，只有盘头部分略有雕刻装饰。

化的重要载体，鲁商“信守以德、诚信为本”的商业道德，在当今经济大发展的历史时期，具有广泛的社会意义。

5. 周村燕翼堂老宅

燕翼堂位于周村城区一条名为十字胡同的小巷内，是一处始建于清代的古建筑群，据说原主人是一王姓人士，祖籍河北，明代时来周村落户，是从经营药材生意起家，后来买卖越做越大，开过绸布庄，办过银号，其丰亨豫银号当年也是周村地区知名的商号之一。鼎盛时期十字胡同范围内的建筑大多属于燕翼堂王氏家族所有，曾经拥有大小十几处院落，具有相当的规模。上世纪初在讨袁护国运动中，燕翼堂还曾经被用做山东护国军的司令部，成为山东东部地区反袁护国军的军政府所在地。

现在的十字胡同77号院，是燕翼堂古建群落中幸存较为完好的一处，该院的大门为金柱式大门楼，所不同的是，77号院的大门楼要比一般同类型门楼的装饰构件更复杂、更多样，首先该大门的正面用砖从门框两侧一直封到中槛之上，砖墙将金柱包裹起来，并取代了原余塞板的位置，由于砖墙只砌到中槛之上二十厘米左右，上面再接装走马板一直封到屋顶下，走马板的表面还用木条分隔成似窗形的花格样式。其次大门正面檐口下的檐柱外面又加了两根垂花柱，垂花柱吊挂在探出的抱头梁下，抱头处理成卷草纹样式，与常见的垂花门上的“麻叶抱头”具有异曲同工之妙。只是垂花柱间的花板已缺失，檐柱上的雀替也已不存，不过可以想象当初大门迎面的罩面框架是何等丰富，从走马板到檐柱间的花板、雀替，最外面还有垂花罩，层次分明又富于变化，为大门增添了许多华丽色彩。

该大门的门枕石也有特别之处，其正面中间凿出一浅石洞，外形如崖壁上的拱形佛龛，不过里面雕刻的是一只蹲着的狮子，其形象塑造简洁夸张。此外77号院大门的里外四个檐柱的柱础，高出地平面足有四十多厘米，从残存的结构看，柱顶石下还有一石底座，且外露面应有雕刻花纹，可惜石底座损毁严重难以确定所表现的内容。尽管大门地面已毁有下陷的原因外，柱础仍然高出地面不少，这种处理形式，显得十分独特，在省内传统民居中目前也只见这一例。至于进大门后迎面的座山影壁，虽然被居民搭建的简易房所遮挡，但从露出的瓦顶和檐口部分看，该座山影壁占据整面山墙的宽度，明显比一般座山影壁要大出许多，影壁瓦顶的正脊由雕刻着“宝相牡丹”纹样的花砖组成，其他如砖坊子、砖檩、檐椽等构件也装配齐全，毫不含糊。如此大尺度的座山影壁，营造了良好的门前环境氛围。

正是由于大门及入口处装饰的多样性和独特性，使得燕翼堂院落显得与众不同，这也让人从一个“门面”领略了当时鲁商的生活场景，同时也是鲁商依托周村“旱码头”生意兴隆、致富发家的一有力佐证。

二、潍坊民居

历史文化名城潍坊位于山东省的中东部，源远流长的传统文化内涵十分丰富，这些都充分体现在具有当地古老特色的民俗民间文化与艺术之中，而传统的居住文化正是传统民俗文化的重要组成部分，民居建筑是一个时代的缩影，也是民俗文化、民间艺术与信仰和经济等方面的综合反映。

1. 杨家埠村民居

杨家埠村自明代起就开始制作木板年

图3-2-17

大门楼，两侧的倒座房对称的位置各开一角门，东侧的一间是样品室，西侧的一间是发货的库房。以往到了每年的秋季，是杨家埠各年画作坊最繁忙的时候，各路的商贩云集于此，大街小巷都挂满年画，年画生意十分兴隆，鼎盛时所产年画广销山东各地，并且远销东北、山西、安徽等外地省份。

图3-2-18

一家一户的年画作坊向游人展示古老年画的制作过程。从大门的墀头部分可以看出，转角处用角柱石，顶面压腰线石，墀头上身的排砖方式俗称“三破中”，这些都是比较讲究的施工做法。加之门前的砖雕、木雕装饰，反映出作坊曾经的兴盛。

图3-2-19

重修的农家院落，青砖铺的，院中两座影壁将空间有序分隔，是院落布局的重要组成部分，同时也丰富了小院的空间视觉效果。

图3-2-20

砖木结构的房屋，草苫子屋顶，房门上的小屋檐平淡中透着精细，一切仿佛回到从前。

画，现如今杨家埠的木版五色年画早已蜚声海内外，是我国著名的年画产地之一。改革开放以来当地政府重视对传统文化遗产的保护，并进行了合理的规划，使杨家埠村的古民居得到维护、重修和恢复，经多年的开发，杨家埠已成为山东重要的旅游资源。被称做“民俗风情第一村”。如今杨家埠村再现了潍坊传统民居的特色，并向人们展示了民间艺术文化对传统民居建筑的重要影响作用。丰富多彩的民间艺术，顺应人们的物质生活与精神生活的需求，体现出浓郁的风土民情，为传统的居住环境增加了许多靓丽的光彩。

在杨家埠民俗旅游村的核心区域，古店铺一条街，再现了明清时代当地百家画店的胜景。一些老字号的画店也被完整地保留下来，其一如“吉兴号”年画作坊，该作坊建于明代末年，至今已有近370年的悠久历史，是一处省级文物保护单位。现有房屋十一间，总面积约二百多平方米，是杨家埠现存最早的年画作坊之一。如今岁月的磨砺让“吉兴号”年画作坊的大门楼写满了沧桑，在众多仿古建筑中，显得格外的引人注目，大门楼及两侧的倒座保存基本完好，除屋顶灰瓦是修葺时换的，其他部分都保留了原貌。作为画店“吉兴号”`在倒座的临街一侧还开有两个小门，分列在大门的左右两侧，目的是方便来采购年画的客商，其中一间倒座称为“望室”，就是展示年画作品，供顾客选样的地方，另一间是发货的库房。“吉兴号”体现了杨家埠年画作坊自刻、自印，自销，坊店一体的制作与经销模式。（见图3-2-17）

图3-2-21

十笏园大门楼，虽然修缮过，但仍保留下纯朴的风格。据原主人自撰的《十笏园记》建园是“治此以为养静之所，非侈逞台榭之欢美，以贻后人之逸乐者。”就不难理解，大门为何如此“低调”。

图3-2-22

园中的随墙门，是连接各院落间的通道口，日常行走很方便。多数安装门扇，关上门院落相对封闭，并具有一定的防护作用。

清乾隆年间由于社会相对稳定和经济的发展，杨家埠木板年画也迎来一个繁盛期。位于西杨家埠村前街的“恒顺画店”就建于乾隆年间，由于建在土台之上，高出街面许多，所以当地也称“高大门”，门前的台阶有十五级之多，两边的垂带石因小孩们当滑梯，日久天长已磨得凹陷下去。（见图3-2-18）

据当地人介绍该店原名就是“恒顺号”，转卖新主人后曾改称“德盛恒号”。大门坐北朝南，四合院落，北屋为居室，东西厢房为年画作坊，倒座房作店面。该大门的檐檩及下面的垂花罩上施以彩绘装饰，两侧的戗檐砖上还雕刻着吉祥纹样。而进入大门后迎面的一小影壁，纹样雕刻十分优美，是砖雕影壁的精品。

2. 十笏园

十笏园最后的主人是清代潍县首富丁善宝，原址最初曾是明代嘉靖年间刑部郎中胡邦佐的故居，丁于清光绪11年（1885）购得，在原基础上掘塘开池，叠石成峰改建成为私人花园，现园中还保存有明代建筑。园子面积虽小，但构思巧妙，布局严谨，体现出较高的园林意境，是北方古典私家园林的代表作。因为小，主人以“十笏”来命名，“笏”是明代以前臣子上朝面君时手里拿着的朝板，亦可以将需要上奏的话记在笏板上，《礼记》中记载“笏长2尺6寸，中宽3寸”，按官员品级笏板分别用玉、象牙或竹木制成。“十笏”则形容面积狭小，十笏园平面呈长方形，由西、中、东一、东二等四条轴线上的院落组成，依据传统造园理念，建筑与叠山、理水和花木造景构成了十笏园造园艺术的诸要素。该园东边的两路院落，主体建筑为主人及家眷的内宅，是家人生活起居、读书等日常内部事务的活动

图3-2-23

“春雨楼”的开窗样式组合在园林中运用的十分贴切，符合园林环境丰富多样的空间形态需求，营造了悠闲的环境氛围。

图3-2-24

园中的的八角形洞门，门与花墙既对园林空间进行了划分，本身又是园中一道优美的风景。门前的太湖石玲珑剔透，与一侧的池水相辉映，凸显了园林的意境之美。

图3-2-25

十笏园中的垂花门，其门枕石上一对蹲狮雕刻，个头虽小但很有精神，在门墩上雕狮子也是抱鼓石的一种变化。

空间。西路主体建筑为丁氏书斋和迎宾会客之所，中路辟花园为园中园。园中“清水一池、轩榭浮波……北国小园，能饶水石之胜者，以此为最。”十笏园在有限的空间中，浓缩了自然山水之美，园中亭台楼阁，假山池塘、书斋碑刻、小桥回廊处处含蓄雅致，既厚重又秀丽，是私家园林中小中见大的佳作。

园林中意境的营造离不开建筑的形式语言，为配合景观的表现，园中常建各种形状的什锦门，就是在墙上开个洞，一般不安装门扇，比较随意，所以也称洞门，圆形的就是人们常说的月亮门，形状各异的洞门在园林中具有很好的装饰性。此外洞门还有框景、对景的作用，在虚实相呈之间，表达委婉含蓄的园林意境。正如《园冶》所说：“触景生奇，含情多致，轻纱环碧，弱柳窥青。伟石迎人，别有一壶天地；修篁弄影，疑来隔水笙簧。”框景，就是通过洞门本身的形状，将园中或园外的景色，纳入其中，使门框成为一取景框，形成一幅幅美丽的画面，丰富了视觉效果，升华了景观的意境。对景，是指门洞两侧的景色迥然不同，人们往来观赏，感受不一，两处景致相互衬托，相互对映显得很有趣味，迎门的独石、花卉、异木、深竹等景物，都可以让人们透过门洞领略对景的妙趣，构成一处温雅可人的景象。

十笏园中的“春雨楼”，系清代建筑，格子门门前出厦，有趣的是建筑正面的五处开窗，就由三种样式组成。一层入口两侧是两扇支摘窗，棂条心为常见的“步步锦”样式花纹，与门的颜色一致都是朱红色。二层中间的窗是一漆绿的格扇窗，由四扇组成面积最大，两侧为圆形牖窗，扇心为“双交四椀”菱花锦样式。春雨楼开窗样式的变化，使建筑的立面更加生动。也正是因为合理利用了各种样式窗户的形式特点进行组合，较好的发挥了其装饰特性，为环境空间增光添色。（见图3-2-23）

3. 昌乐传统民居

潍坊传统民居的结构形式因为区域内环境的不同也有所差别。建筑材料也是本着就地取材的原则，山地丘陵与平原地区各不相同，总体看砖木结构的民居占多数，只是在经历了岁月的磨难，和时代的发展变迁之后，城镇与乡村之间许多的传统老宅院都已消失了，当地传统特色民居也面临着和其地市一样的生存保护与改造发展问题。如今能在寻寻觅觅时，突然发现某处不起眼的院落中还保留着传统特色的老屋，真是件令人高兴的事。

昌乐乔官镇上一户张姓人家的老宅，坐北朝南的三合院落，房屋大约建造于上

图3-2-26
窗口的造型与门相呼应。

图3-2-27
小屋檐造型轻盈别致，仿木结构的砖雕精细灵气。

个世纪初，原有一正二厢，后来由于几代传承及改造扩建，老建筑现仅存正房与院门前的影壁墙，该正房三开间，建筑在高有1米多的台基之上，这种民居房屋的台基，周边是由砖砌体围成的封闭式包边，中间填充素土夯实，由于坐落在台基上房屋显得更加高大，整个房屋的墙体全用水磨青砖砌筑，嵌缝密实，门槛与窗台是用整块条石制成，显得厚重大气。房屋的门为砖券拱形门，上加砖雕垂花小屋檐，砖雕花饰精美，镌刻纹理细致，屋檐既遮挡雨水又强化了门的气势。屋顶形式为硬山垂脊，坡度舒缓，深青色筒瓦铺设的屋面已有残缺，有些地方还长出了茅草。

正房内明间和东西二侧的次间用隔扇作为分隔，镶嵌压花玻璃。室内无柱，靠墙体承重，顶部以山字形木梁架做支撑。室内家具布置延用了当地的传统形式，一张八仙桌放置于明间北侧正中，左右配置二把明式太师椅，墙面正中挂着松鹤图，这些都显现出传统文化对现代人生活的影响。民国时期能保留至今的传统民居在当地已属鲜见，张氏老宅保存相对完好实属不易，其建筑布局在潍坊地区一带颇为典型。当地的民居大多是同类建筑格局，具体差别体现在建筑规模的大小和细部构造的不同上。作为山东半岛与内陆结合地带，当地的传统建筑模式，受到外部因素的影响较小，显得纯粹而自然。老宅如今虽然有些形单势孤，但依然难掩昔日的光彩与体面。（见图3-2-26、图3-2-27）

第三节　鲁中、鲁东南山地丘陵地区民居

泰安、莱芜、临沂的地理位置在山东省的中部以及东南部地区，区域内包括山

图3-3-1

庙家牌村院落大门的主要特点在于屋顶的处理形式，正脊与垂脊的端头高高翘起，垂脊的中段也做起翘的尖角，这使得本寻常的垂脊上犹如设有“垂兽”，兽前段的垂脊端头也似一站立的小兽，这些共同构成该种大门屋顶的特有效果。

图3-3-2

门楼内部比较宽敞，上部一般隔出一层用做储物空间，并在迎面墙上开孔保持空气流动。门楼结构形式基本相同，区别在于细部和门前的装饰。石刻的门匾户户不同，内容多是四字一句的吉祥语。

地、丘陵、平原、洼地、湖泊等多种地形地貌。传统民居建筑从材料和结构上看，都各自以当地经济易取的材料来造房，体现了就地取材，因材施用的民间建筑原则，传统建房材料大体可分为，山地丘陵地区的民居多以石材构建，平原地区的房屋则以土坯构筑。近年来随着当地经济的不断发展，各地富裕起来的人们首先是改造自己的居住环境，以往的老宅老屋大多被改造翻新或遭废弃，取而代之的是砖混结构的建筑。不过也有许多的门楼形式，虽然都是新建，但在建筑材料与结构形式等方面保留了当地的传统特色。

一、泰安、莱芜民居

1. 新泰民居

新泰泉沟镇庙家牌村。村中的房屋有早先土坯建造的老宅，也有后来建的砖瓦房，和新建的水泥预制板的平顶屋，院落多为小四合院或三合院，院门朝向受条件限制不能在东南隅开设的，则根据院落格局的变化将院门开在东院墙南侧或西院墙南侧。当地门楼都采用机瓦盖顶，而屋脊在传统的基础上讲究变化，由于脊端起翘，屋面更添立体效果，虽无走兽装饰，但显得十分丰富。图3-3-1是一处石头砌筑的院门楼，简单的材质，显得朴实大方，屋脊端头起翘又多了一份灵动，红瓦黛脊色彩搭配形成鲜明对比，门框上方的条石过梁和石雕匾额处理也是当地常见的结构样式，屋宇式门楼与厢房山墙相连，构成高大宽敞的内部空间，并以瓷砖壁画为迎门装饰，代替了以往座山影壁的作用。另外，门口不设门槛，门前为小坡道，这样推车进出时都很方便，门口两侧以及墀头下用水泥找平起台，既为日后摆放门前饰件预留空间，又是现阶段门前小

图3-3-4

当地的老房工艺比较粗糙，墙体只有稍讲究的人家才用水泥勾缝。而院门更是如此，常见这种用碎石和泥砌筑的大门与院墙。

憩的坐处。

2. 麻塔的石头屋

麻塔山区的石头屋。麻塔地处泰山的东麓，以前是麻塔公社，后乡镇所在地迁到黄前，改建为黄前镇。这一地区林木茂盛，河道溪水潺潺，四季景色宜人，常有美术院校师生到此写生。地处山区，建房盖屋自然是因地制宜，当地人家的院落不比平原地带，多是根据地形来建，所以院落的形状也不规则，但院门一般都开在东南角，建筑材料以当地的石料为主，砌筑时也没有那么多的讲究，能凑合用的材料都用上，一切以经济实用为好。如图3-3-3的院落门，墀头部分和山墙的大部分等，以乱石压泥砌筑，中间有大的石缝空隙填以小卵石，山尖部分则用土坯垒，檐口铺一层石板，有的则将石板从檐口沿山尖一直铺到房脊，以往的盖顶部分多用麦秸草等铺就。院内房屋的构造大体也是如此，只是选料和工艺有差别，老房子的墙体腰线以下用石头垒砌，好一点的房屋是用规整的方石，一般的也是乱石砌，腰线以上部分则是夯土墙或土坯墙，这种材料结构的房屋好的也能撑七八十年，但大多数因比较粗糙、简陋，过早的废弃了。

3. 泰安市乡镇民居

泰安岱岳区祝阳镇徐家楼村，该村一户徐姓人家的老宅中还存有两座建于清代的二层小楼，据说该户祖上是清代当地有名的买卖家，目前其中一座还由其后人居住，另一座闲置的小楼基本保留了原貌，小楼与周围的民居形成鲜明的对比，楼的二层为砖券小拱形窗，木质窗扇将室内封闭的十分灰暗，一层房门也是拱形门，两侧是开口大些的木棂窗，楼的墙体内层为土坯墙，外表青砖砌筑，而且每隔一段距离加砌若干青石条，以起到加固墙体的作用。

老宅院门是大青砖、小青瓦的屋宇式门楼，门前还保留以往的木挂落构件，戗檐砖部分是以圆形囍字做装饰，边角还有蝙蝠图形。两扇板门没有涂漆，下部的门槛由数块板条组成，门和门槛粗糙开裂的

图3-3-3

正脊平直，戗檐砖部分稍做装饰，原色门扇，大门简朴的风格，一切以实用为目的。

图3-3-5

图3-3-6

原来的村民院落，有些改为红色教育展馆，内容变了形式没变，往日的小山村随着影视剧的播出而为世人所知。

外表，见证了岁月的无情。虽然该门槛也不算低，但它的目的显然只是为了遮挡门扇下的空隙，杜绝安全隐患，也有防止风将一些杂物吹进门里的作用。在此门槛没有了大户门前的那种气势，只是一种划分门里门外空间的分界线。

4. 莱芜民居

地处莱芜西南部的牛泉镇，区域内有山有水，该镇的西泉河村北临汶河是一有五百多户人家的大村，目前西泉河村大体由原址老区、旧区和新区三部分组成。原址老区位于村的东面，原建筑包括砖木结构的青瓦房和一些土筑墙体的茅草房，由于村的原址老区属莱城地质灾害隐患区，地表多处塌陷，房屋大多已废弃，只有些还难舍旧居的老人，依然在此居住。在原址老区周边是该村旧有的居住区，院落房屋建于上世纪八九十年代，许多是在原老房子的基础上进行翻新改建，建筑延续了旧有建筑的构造形式，如许多院落大门的屋顶保留了传统的风格和构件，同时用现

图3-3-7

在常山庄村许多房屋上一直在延用直棂窗，只是到后来才刷上了绿漆。

图3-3-8
茅草屋石头墙，周围是绿树萃竹和清澈的泉水，乡村独特的自然景色，引发观者许多遐想。

代材料对原有门楼的墙体进行维护加固，形成由新旧材质凑成的混合体院门。该村的新区建筑则完全摒弃了旧有的结构形式，体现了当代模式。

西泉河村的一户民居的随墙门，门虽小但较为别致，两根木梁穿墙而出，托起小门楼的硬山瓦顶，同时在出头的木梁下加一弧形木棍，一端顶梁，一端深入墙体，既起到支撑稳定作用，也增加了门的视觉变化，显得小随门墙十分简洁灵巧。（见图3-3-5）

二、临沂民居

临沂的山岳丘陵占全部面积的三分之二，区域内北部是著名的沂蒙山区，这里层峦迭嶂，丘陵逶迤，并且有山东第二高峰蒙山龟蒙顶，海拔1156米，其高度仅次于泰山。区内还有许多山岭的顶端呈方形，是由裸露的石灰岩构成，顶面较为平展，四周是陡峭的崖壁，崖壁往下，山的坡度由陡变缓，这种地貌形态称之为“方形山”或“方山”。当地称其为崮，沂蒙山区崮的数量众多，又相对集中成群，因而形成壮美的自然景象。

临沂也是一个文化资源丰富多样的地区，既有悠久灿烂的历史文化，又有革命老区的“红色文化”，这里民风纯朴，有着老区优良的传统，在这块热土上产生过许多令世人传颂的动人篇章。

临沂的村落除“村”和“庄”这些常见的名称外，用的较多的就是“峪”和“崮”，这与当地的自然环境密切相关。以往山区村落依山坡而建，院落大小不一，也不规则，院中地面借就坡度高低参差，院内少有铺地，院落多数是简朴的二合院或单一院落，院里和村间常见梧桐、香椿、楸树或石榴树，以及杨槐树、杨树、榆树等。石头房是山区普遍的建筑形式，简单的结构、朴素的外表，透着顽强的生命力，像沂蒙人的性格，坚定、不屈，又默默无闻、甘于奉献。

1. 沂南民居

沂南县马牧池乡常山庄村，当年根据地的小山村，多年沉默无声，近年来随着“红色旅游”业的兴起，山村重新成为众人关注的焦点。目前村民已迁入当地有关部门为其重新建设的新居，原村落开辟成红色教育基地，村落的原始风貌被完整的保留下来。老村中的建筑大多都是简陋的石头房，屋内用草泥简单抹一遍，许多墙面外表缝隙裸露，有些甚至还是通透的石缝。据了解上世纪八十年代初，村民才陆续改造老房屋，有些建起了砖瓦房，安上了玻璃窗，将院门改成屋宇式大门。

以往山里人家的小院是用乱石块垒

的院墙，当地称“干叉墙”，牢固性差，有的用手一推就晃动。二合院大多建三间或五间正房和一处厢房，屋内夯土地面，而且正房和厢房的屋门都比较矮小，成年人出入时需要低头，有些粗陋的厢房更需弯腰才能进入。村里盖房所需的石头都是采自当地，有些需要在采掘现场加工，然后运回来，像板材如果运回来再加工，破碎了就等于白跑一趟。山区老房屋多用黄草或麦秸苫顶，因为山地贫瘠，农作物多是种些玉米、高粱和地瓜等，由于麦子种的少，麦秸也是稀罕之物。石木构造的房屋，简单的人字屋架结构，梁架所用木料将树去皮后就可使用，没有过多的加工。房屋的门和窗，普遍为板门和直棂窗形式，院门所用顶子的材料与房屋相同，门口两侧石跺砌至脊檩，石垛上部两根木梁穿缝而出，挑起上面的三角形木架，然后在檩上压秫秸铺草，形成一简陋的草顶随墙门，这种随墙门的入口高度多数只有1.7米左右，房门尺寸也大体如此，都需要低头通过。（见图3-3-6）

沂南铜井镇竹泉村，与马牧池乡常山庄村的情况类似，该村有北方少见的竹林环境和泉水资源，加上茅草屋、石头墙，组成一幅悠闲独特的乡村生态画卷。近年商家依托古村原有的环境风貌，将此开发成乡村特色文化旅游景点，全村百十户人家被整体搬迁安置，相关旅游配套措施正在紧锣密鼓的进行中。由于有规划所以能基本保留下原有建筑的风格样式，村里的农家院落一般只在石头墙上留个出入口当院门，有些院墙只有齐腰高，大部分没有门扇。院子入口处铺一条连接住房的碎石路，这也是院中地面唯一的铺装，不过许多院中连这种简单的铺地也没有。多数院内除几间草房外一般还有一个做饭用的尖顶的窝棚，当地称“团瓢”。这种结构形式的“屋”，墙体矮、没有窗户，只有一个十分窄小的入口，内部像个洞穴、空间局促。

虽然以往的生活环境，变成如今的展示环境了，村民每天像上班一样，在原来的老宅里进行农家手工艺演示，门前屋后添加了些夹生的美化元素，但这毕竟是对传统聚落民居建筑保护与发展的一种探索。这也是许多传统民居所面临的问题，就是如何处理好保护与发展的关系。民居的建造不比其他古建筑如宫殿、庙宇，它是一家一户的个人财力的投入，官宦和富贾等大户人家毕竟是少数，特别是那些具有地方特色的聚落性民居建筑，是因地制宜而建，在有限的物质条件下，房屋的建造只是为当下有一个栖身之所，所谓房屋

图3-3-9

平邑魏庄乡山地人家，新贴的对联让羊啃了，只因面做的糨糊羊爱吃，山村的家禽和羊都是散养着，主人一般不用喂食，而正是这样的饲养方式，使农家的畜禽成为现代城里人所向往的“绿色食品”。

图3-3-10

山里人家过日子处处精打细算，老房子上替换下来的板门再用来作院子的门，再合适和经济不过了。

图3-3-11

还有这黄草苫顶的简陋的草门楼，与沿海用海草盖房一样，都是因地制宜。内陆山区不但用黄草苫盖屋顶，过去的灯芯也是黄草制作的，用黄草杆缠上棉花所做的灯芯能烧上一夜。

图3-3-12

在平邑大洼，像这种石头草房，只是老人还在居住，数量也越来越少了。许多山村前些年成为美术写生基地，当地的房屋也发生了很大变化。

图3-3-13

临沂市河东区八湖镇，当地水资源丰富，许多村庄种水稻，该镇岳柴河村以往的老房屋是用稻草苫顶，土坯或夯土墙，小木棂窗，院落门有占一个开间的门房样式和小的随墙门，随墙门则只有一扇门板，也是稻草苫顶，门房的大门是由薄的木板条拼做而成，显得比较简陋。（注：图中的建筑现已拆除）

的“百年大计”，对贫民大众来说是未来的梦想，谁不期盼能早日住上青砖到顶的大瓦房呢？各地这种特色的聚落民居，许多存在先天性的缺憾，这是可以理解的，因为无论从财力、技术和材料，对小家小户的建房者来讲都没有选择的余地，只能遵循当地前人的模式，才可能做到经济、适用。而舒适性、牢固性用现代的居住理念看，自然是差的很远。（见图3-3-8）

2. 平邑民居

临沂的平邑县山区面积占到85%，丰富的石料资源是当地山区民居传统的建筑材料，山区民居院落大多是石头墙围成的独门小院，墙上开洞稍作处理做成院门，门口上加当地天然薄层灰岩石板当檐，简单实用，自然、乡土，有着浓厚的区域特色，乱石干垒的院墙，在山村来说只是一种象征性的围挡，世代的邻里、族人，谁家的家底都一清二楚。大山的阻隔和密切的邻里关系，是每家最好的防护屏障。就是这样的围墙也是近二三十年才有，上世纪七十年代之前多数人家根本无墙，或只有个矮矮的石围子，当地称做“墙札子”，所谓的院门只是个栅栏门，而这样作的目的却只为挡一下家中饲养的小牲畜。目前现有的院门也大多数是生活条件好了以后，翻盖旧屋时候，将旧屋的房门拆下来用做院子的门。

平邑山地人家盖房，一般上房为三开间，直棂窗、板门，石头墙体厚六十厘米左右，房屋的宽度也是根据檩条数量来定，七至九檩不等，最多的十一檩，椽子是用高粱杆代替，七八个一把，密密排好，然后覆一层泥，屋面黄草苫顶，黄草要铡成四五十厘米长短，在水中浸泡后再用。当地上梁时一般还要请村里年长的文化人写上一幅字，内容诸如“上梁大吉”或“金龙盘玉柱”等词语，然后贴在梁柱上以示吉祥。有时人们在屋门的东侧还用石头垒一个香台，十五、三十烧纸敬天，而香台下铺些草就成为鸡下蛋的地方了。

图3-4-1

大门两侧镶嵌腰石浮雕装点门面，腰石也有加固的作用，可大可小，多雕辟邪或祈福图案。一二层檐口处的花板雕刻构件，造型美观，色彩素雅，进一步美化了大门的立面效果。

图3-4-2

传统大门的门枕石使得板门离地较高，所以必须加门槛，该大门将门扇加长，省略了传统的门槛。门楼屋脊上还塑有一对鸽子形象，这在当地屋脊上是比较常见的，寓意振翅高飞，蒸蒸日上。匾额突出了穆斯林文字的装饰特点。

图3-4-3

荷泽当地回族居民家的大门，屋顶的正脊和垂脊是装饰的重点，多种造型的动物形象搁置其上，有些是当地特有的。大大小小的动物形象对称设置，造型简朴，形成具有地方特点的门楼装饰风格。

第四节 鲁西南、鲁南地区民居

狭义上鲁西南称谓是指菏泽地区，泛指包括菏泽以及运河地区的济宁在内，鲁南主要指枣庄地区。菏泽有着悠久历史和深厚的文化底蕴，历史上曾是中原文化的重要组成区域。但在漫长的岁月中，随着黄河在这里的无数次泛滥，一次次的被深埋在黄土之下。古老的黄河给当地带来了数不清的灾难，同时对当地的民俗民风也产生了重要影响，使当地形成了与古老黄河密切相关的民俗文化传统。这种传统在民间世代传承、生生不息，并直接反映在人们精神与物质生活的各个方面，而当地的民居建筑，就是其主要的组成部分之一，它的风格体现了菏泽传统民俗文化的特有色彩。

一、菏泽民居

菏泽地区传统的民居有北方四合院、三合院形式，并以三合院形式居多。在长期与自然灾害的抗争中，民间的建宅盖房也采取了许多应对措施。西北部黄河滩区的民居，为防水患将房屋建在台基之上，并在房屋的四角和屋梁下加砌砖垛，这样屋顶的重量就以砖垛来支撑，土坯的墙体（有些是表面涂泥的篱笆墙）并不承重，当洪水来袭时，即便墙倒了，也至少保全了屋顶，将房屋最低限度的存留下来。

以往砖木结构的民居是少数富裕人家的标志，至上世纪80年代之前，菏泽乡村中还以传统土木结构的房屋为主，直棂窗加木板门，屋顶是在檩条上铺高粱秆（秫秸），然后盖上一层土，压青灰色板瓦制成。土筑的墙体有些是砖砌墙基，由于当地许多县乡的土质盐碱化较重，墙体在碱蚀水浸之下，会过早的大面积层层剥落，即便是经常维修，由于土质的关系，也跟不上房体被碱蚀的速度，所以这种房屋的使用寿命较短。

菏泽市老城区民居。菏泽市西关是一老城区，这里是回民居住较为集中的地方，宅居大门也多是近二三十年所建，大门体现了中国穆斯林文化的特点，宅院的大门多为2层门楼，同时立面装饰颇有特色，整体显得十分有气势。只是一些传统民居的建筑形式如今已不多见了，传统居住文化的影响力在现今的宅居建设当中也被淡化，在不断发展的时代进程中，区域性传统民居某些结构形式的逐渐消失是历史的必然。（见图3-4-1至图3-4-3）

二、济宁民居

济宁城市的崛起，得益于京杭大运河，《山东通史》中以“没有运河，济宁不兴，没有济宁，运河不通。”阐述了济宁与运河的共生关系，尤其是近代历史上京杭运河更是促进了济宁工商业的繁荣，民国《济宁县志》曾记载“邑隶省之西南，实为要塞，湖河环绕，轮轨交通，商务殷繁，物产富有，四方之人群萃於此。”同时，这里也是儒家学说的发源地，儒家思想对当地文化和风尚习俗等产生了深远影响。当地自古民风重“仁”重“义”。从当年诗仙李白所作的《任城县令厅壁记》，“土俗古远，风流清高，贤良闲生，掩映天下”、“行者让於道路，任者并於轻重，扶老携幼，尊尊亲亲。”等诗句赞许了当时的任城（现在的济宁）民风，可见济宁古老而文明的历史。

济宁地区处于鲁中丘陵与鲁西平原的结合部，具有多样性的地表形态，受地源环境影响，济宁各地的传统民居也具有自

图3-4-4

这是曲阜当地比较典型的传统砖瓦房。房门两侧的墙上留有砖窝子，需要时放上油灯或蜡烛，遮风照亮。

图3-4-5

圆形抱鼓石多是功成名就的官宦大户院门前的装饰，用在屋门前的比较少见，即便是尺寸小的也是如此。

己的不同形式与特色，其中平原人家的砖瓦房最有代表性。

1. 曲阜乡镇民居

提起曲阜传统宅居建筑，人们自然会想起显赫的孔府，受历代帝王的恩赐，孔府的建筑处处体现了封建礼仪、等级和特权观念，不同于一般概念上的民居，具有浓重的官署衙门色彩。而当地传统特色的民居，因现存数量越来越少，鲜为人知了。如今曲阜乡村中虽然还有一些没有被拆除的老宅子，但大多数已无人居住或早就破败不堪，不过正是这些老旧的民居，却记载着当地民间建筑的历史，它也是研究民俗风情与地方史的重要实物资料。曲阜的姚村镇西王家村，据说史上先是有王姓和颜姓人氏来此定居，后来逐渐形成村落。据查，王姓是曲阜的第三大姓，仅次于孔、张姓氏，而颜氏系曲阜的三大家族

图3-4-6

这种城堡式的宅院，是旧时代社会动荡不安定的写照，反映了保护家人和财产安全的一种措施。

图3-4-7

大门里侧是一个半圆拱形的门洞口，砖券以下用石块砌就。内侧门洞原先也装有门扇，可见该大门突出的防卫性质。

之一，历史上被封为“复圣”的颜回，曾为孔子门生中七十二贤之首，是谦逊好学之典范。

村里一户颜姓人家的老宅，仅存正房一幢，面阔三间，进深1间，东西长10.4米，南北宽4.8米，房屋仰瓦屋顶，板瓦拼花的平直屋脊，屋面靠近垂脊的部分，还做三垄筒瓦骑缝处理，增加了屋面的变化，起到收边效果。房屋的墙体表面青砖到顶白灰勾缝，内里是土坯，这样“二合一”的墙体在民居中比较普遍，首先是节省成本，其次厚实的墙体使屋内冬暖夏凉，很实用。目前老屋还保留着完好的直棂木窗和板门，而引人注目是屋门的装饰构件，先是一对小抱鼓石装点门前，该抱鼓石为“圆鼓子”小巧别致，高只有四十厘米左右，底座上雕刻吉祥云纹，鼓面装饰花卉图案，幅面虽小，但表现得津津有趣，充满张力。再者门额上置四个门簪，两对两种形状，外表雕花，盛开的花朵，彰显生气。颜姓人家这处老屋及门前装饰，堪与富裕人家相比，显示出当时房主也应是有功名之人，可惜该院只剩下这孤零零老屋，往昔的景象已无从考证。（见图3-4-4、图3-4-5）

2. 嘉祥民居

嘉祥卧龙山镇双凤村，有一处当地称“刘氏庄园”的老宅，据说是建于乾隆年间，刘家是当地的大户，当年有粮田几百亩，宅院是坐南朝北而建，现由东西两个不完整的合院组成，院内的老屋新房已和周围的村舍交织在一起，院落原有的建筑布局已无法辨别。目前只有大门及沿街的高墙独立完整保留了原貌， 大门里迎面是座山影壁，壁前原来左右相通的院路，如今一堵墙将两院的住户隔开，东院的住户走大门，西院的走院墙西侧街拐角处的

图3-4-8

门楼的檐口下有刻福、禄二字的垂花罩，墀头下肩全用石块砌筑，表面打出细密的道线，并形成优美的规则的纹理。两侧的门枕石上有浅浮雕图案，一幅是由锦鸡、牡丹、菊花纹样组成，另一幅是荷花水禽图。

小门。东院里的房屋都为平顶，东西厢，西厢房为老房子，青砖墙体上分布着条条青石，石条做的门窗过梁。平顶屋面已翻修一新，四周砌青砖女儿墙，保留了原有的石板屋檐。该院倒座房成了北屋，也是现主人的居室，倒座的后檐墙被加高后从外面看就像一座城堡，墙体表面由青砖砌筑，内为土筑墙，墙身上原有的窗户大部分被封住，只留上面一小部分。方条石干砌的墙基，用铁片、石片做垫，塞紧后再填灰浆。墙头建有垛口，墙体高大气魄，庄园的称呼也许就从这缘起。

庄园屋宇式大门，双坡硬山顶，大门里面上部用木板隔出一层，并在大门的山尖处开一个拱形的洞窗作出入口，从平顶屋面上就可以进去，不过狭小的窗口成

图3-4-9

山东各地的传统民居院落中，建拱形院门的多出现在鲁西北等地区，拱券形式砌筑可省略门上的过木，也使普通民居体量不大的院门更加实用、美观。

图3-4-10

以前村里地主家的宅院大门，当地人说宅子建于清代，檐檩下的罩面木雕上，原有的雕刻纹样早已损坏，只有门前的祈福装饰为老门增添了些朝气。

人进出有些困难。门前的戗檐砖上分别雕刻雄狮、猛虎形象，这与常见戗檐砖上刻花卉、文房四宝等意义不同，体现了不同的生活环境中主人不同的需求和心态，用狮、虎镇守门前与该庄园建筑突出的防御性质十分吻合。门楼的门扇尺度并不大，并用砌砖墙代替抱框，迎面看从门洞向外逐渐阔出，这样显得门前既开阔敞亮、高大气派，又因门洞开口小而符合安全需要。在该大门洞内的左侧还有一个用于看门的小房间，如现在的门卫值班室，房间前后各有一圆形小洞窗，采光谈不上，室内显得比较昏暗，道是能起到些通风换气的作用，同时也可兼作瞭望口。庄园倒座现在的屋顶是用灰渣和水泥混合后压实制成的。在无安全感的岁月中，遇事这里就是瞭望的平台，站在上面居高临下便可观察外面的情况。庄园从整体建筑形式到局部细节处理，都表现出始建者的忧患意识，以及对不良环境的防备心理。

在嘉祥许多村庄的村名都源于居住者的姓氏，有时另一姓氏的人数多了就在原村名上再加上该姓氏，如汪孟屯、赵李庄等等，嘉祥县老僧堂乡方官屯村，方姓人氏居多的村落，据说方氏先祖是徽州灵东县人，明朝洪武年，曾随明军北上伐元，战后因有功受封土地在此屯垦。图3-4-9是该村一处老宅院，砖砌筑的圆拱形门洞，入口处形成一个浅过道，内里两侧砌砖墙，中间留一小门，门额上面用门头板封住，檐口压薄石板，夯土平顶，门里过道较深，外形看颇有山西砖石窑建筑的某些特征，（砖石窑不同于靠崖土窑，是建在地上的窑洞式建筑），由于村里在搞新

图3-4-11

石板房的房顶是最有特色的，一个个形状各异的石片要铺的像瓦一样，既不漏雨又不能叠得太厚，真需要一点功夫。该村的石板房是墙体承重，不像我国一些少数民族地区的石板房外表是石头房但墙体并不承重，内里真正结构是木构架支撑屋顶。

图3-4-12

山里人家简陋的院门，顶子也是用小碎石片铺成，顶子的脊是用相对大点的规整石板，由一侧伸出压住另一侧石板的作法，能防雨还简洁，也体现了山里人建房因陋就简的随机性和应变力。

图3-4-13

村里也有这种门洞十分宽阔的门房形式的大门，门洞的檐口是由树干作檩条顶托着八九厘米厚的石板，同样没用椽子，该大门比一般的院门要规矩许多，大门框两侧的石块砌筑明显有了对称变化的考虑。同时在宽大的门洞两侧放上石条凳，门外空间也丝毫没有局促感，到增加了一份亲切感，而门前的石板槽无疑是一段历史的见证。

农村规划建设，这些老宅是否能继续存在下去，结果还难以预料。

三、枣庄民居

枣庄山区民居。枣庄的山亭区位于城市的东北部，区内丘陵遍布，山峦起伏，海拔在400米以上的山就有一百多个，其中坐落在区内东北部的翼云山海拔高度600米以上，为鲁南地区最高峰。近年随着当地一具有原生态特色的石板房村落的发现，使当地名声鹊起，古村落位于群山深处，北依翼云山，现村中居住的多是老年人，年轻的一代已走出山野，在山下或城里生活居住了。当地石板房的历史据考可追溯到明清时期，因躲避战乱，部分百姓流落此地，落脚生根，过起了自给自足的较为原始的农耕生活，建房材料及许多生活用具都是就地取材土法自制，村落由于长期处于半封闭状态，目前尚完好地保存了古村落的原始风貌。村落房屋掩映在枝繁叶盛的林木之间，岩石裸露，石形嶙峋。由石墙石瓦石径，石灶石磨石槽等组成的石头世界，为人们展示了一个与自然相协调的人居生活环境。石板房的特色在于其房顶，而建石板房的屋顶材料都取自外露的薄层石灰岩，其形成的石板厚度相当均匀，一般当做屋面瓦用的厚度在2厘米左右，石料的开采也比较容易，找准石层间的缝隙用工具镐撬，就可掀起一层，该村的石板房都是由不规则的乱石片铺成屋面。石板房顶部也只有檩条没有椽子，将秸秆铺在檩条上，再压一层厚泥土，然后像铺瓦一样上层石片叠压下层的石片，从檐口部分开始向上铺至屋脊处，但要将大小各种形状的石片铺得均匀，又保证不漏雨水，还不能叠得过厚以减轻屋顶的重量，实在是一件不容易的事。石板房顶没有屋脊，两侧石片铺到屋脊处时，是用平放的石片层层将接缝压牢，这些细微之处，也体现了前人生活中的智慧与技巧。此外石板房的墙体用石块干垒，石与石之间没有粘合物，不平之处用碎石垫稳，所用石料经过简单的粗加工找方，石块大小厚薄不一，因为是承重墙，垒起的墙体有半米左右厚，最后在内墙上涂抹一层麦秸泥算是修饰一下。石板房的窗户是比较小的木直棂窗，房门为板门，因此屋内白天也很暗。石板房的院落更是不拘一格，在起伏不定的山地建院盖房，院落选址往往依崖就坎，院落台地高低错落、大小不等，就这样零零落落地散布在山间的坡地上。所以院墙也随高就低的用石板或石块垒成，或者干脆将石坎当做“院墙”。古村落建筑门前、院内、屋里到处是石帛的生活用具，包括有磨、槽、凳、灶、碓、桌等各种石制生活用具，这些都在向人们展示着一种原生态的生活场景，并且在现代人看来实在是独特、奇妙又充满智慧。

第五节 鲁西、鲁西北和鲁北地区民居

地理上鲁西指山东省的聊城地区，而鲁西北地区主要指德州地区，鲁北是指滨洲和东营地区。四地市有着类似的地貌类型，大体上都属黄河冲积平原，相近的自然条件，使得这一区域内的传统民居有着相似的结构形式，就地取材，土是当地最便捷和廉价的建筑用材，用土做成土坯砖、夯土墙，成为当地以往普通民居建筑的主体结构。土坯房造价低廉，东暖夏凉，维修简便，传统居住形式多为小户小院简单实用。富裕人家的房屋为砖木结构，平面布局由四合院或三合院组成。而

今区域内传统的土木结构的老宅已很少见到，取而代之的是整齐划一的新民居。

一、聊城民居

1. 临清民居

聊城的临清历史上是一个因运河漕运而兴盛起来的城市，会通河、卫河在这里交汇后合流北上，优越的地理位置，使临清成为运河南北水路的要冲，自明朝永乐年间疏通了淤塞多年的会通河后，贯通南北的大运河重新焕发了生机，南来北往的货物在这里中转，这让临清不仅成为区域贸易的中心，而且也是南北经济贸易的一个重要枢纽。作为当时北方的重要商埠，穿城而过的运河给临清带来无限商机，两岸无数的商业街市受运河的恩赐成长壮大起来，并形成许多专营某种商品的商业街区，从街名就知道过去是经营什么的，如白布巷，竹竿巷，箍桶巷、纸马项巷和碾子巷等等。当地商业贸易昌盛时，各种店铺作坊首尾相连，绵延数里。那时临清吸引了天下的客商和来来往往的各色人等云集于此，使得商品经济空前繁荣，直接推动了当地商业和传统手工业的迅猛发展，据有关资料记载，明代临清城的商家店铺鳞次栉比，遍布全城数量多达上千家。而当时临清城面积不过十几平方公里，本地的人口不过“3万余户，6.6万余口”，如此小的地方，拥有那么多的店铺，无疑是服务外地来客的，可见当时城市的繁华程度。

临清的老街巷分布众多，而且街巷大小不一，纵横交错，窄的甚至只有一人宽，当地俗语称“耳朵眼里跑马，墙缝里走人”，就是指这种狭窄的胡同。被明末著名文学家冯梦龙称做四大奇书之一的《金瓶梅》，书中故事描绘的许多地名环境都与临清的街巷相对应，这从一个侧面反映了临清在明清时期商业经济的兴旺，和文化的繁荣。对于这些昔日的历史，现在只能从许多街巷、老宅或某个建筑构件

图3-5-1

临清当地残破的大门，过道比一般大门楼更深。当地许多人家在翻盖大门时，常刻意继续保留和使用以往的老构件。

图3-5-2

门前不的大抱鼓石却展示了无数街巷在悠悠岁月中所遗留下的历史印迹，这在其他地方的街巷中是少见的。

图3-5-3

碾子巷一户民居的大门，岁月的烙印无处不在。小抱鼓石虽然形制上有些寒酸，但灵巧工细。

图3-5-4

图3-5-5

此外，临清也有这种类似鲁西北地区常见的大门形式，该大门顶端砌一女儿墙，迎面用小青瓦组成“沙锅套”纹样，门里用木架棚起，顶部铺些木板然后挂青瓦，形成一简单的廊道。

图3-5-6

冀家大院的座山影壁，瓦顶的正脊布满砖雕图案，恰到好处的运用多种浮雕技法。 檐口仿木构架做法，方砖壁芯当地称“膏药幌子”。虽然壁身上的许多构件缺失了，但从露出的槽口看，做工十分规矩。

图3-5-7

传统的隔扇门窗发展到明清时工艺已经纯熟，花样繁多，成为富裕阶层宅居厅堂立面即外檐装修的不变模式，汪家宅院的门窗虽不同传统的隔扇门窗，但装饰性的职责依然还在。

中，寻找和想象那远去的年代中曾经的辉煌。（见图3-5-1、图3-5-2、图3-5-3）

2. 临清传统民居

在临清以往存留的许多明清时期的古民居，由于经历各个历史时期不同程度的破坏，大部分的院落房屋早已残缺不全，往日的规模和赞誉多是从文献和后人的讲述中得知。位于该市关前街的冀家大院就是其中之一，大院始建于明代洪武年间，历经几代人的增建扩建，至清朝末年宅第面积达两万多平方米，房屋数百间，冀家成为了临清城家族兴旺、富甲一方的大户。现如今的冀家大院主院只存两进院落，还有南北跨院各一处，房屋建筑包括南北屋，以及穿堂、廊房、绣楼、耳房等。在这些残存的建筑上，依然可以见到多种表现技法的“三雕”工艺装饰，图案以花卉形态为主，造型完美，鲜活动人。该大院的房屋均为砖木结构，青砖砌筑的墙体灰缝平直，体现了细致的工艺和优良的材质，这也许得益于临清有悠久的制砖历史。因为当地自汉代就已建窑烧砖，而从明代永乐年起，则开始了大规模的贡砖烧制，并一直持续到清末。借运河交通的便利条件，当地的贡砖源源不断地输往京城，北京故宫的三大殿以及内廷后宫等重要建筑的用砖，大部分就是临清贡砖。正因如此，临清的砖瓦房数量、质量在鲁西一带曾是最多、最好的。

临清后关街汪家宅院，始建于清乾隆年间，也是当地知名的老宅，该院现有三进院落，由于年代太久，老建筑大多已毁或翻盖，有的无人居住废弃了。有资料记载，该住宅的原主人，系清朝乾隆年间在临清经商的安徽商人，所经营的“济美酱园”不只在当地有名，还被称做“江北四大酱菜”之一。由于生意的成功，汪氏的后人相继也在临清安家落户，“济美酱园”作为临清商业老字号品牌，见证了临清酱菜业的发展之路。

目前在汪家宅院的老房子上，还遗留有残破的座山影壁、砖雕以及木雕门窗等。其中二进院的西厢房，门窗样式就比较独特，该房门在传统的基础上已有了许多新的变化，一是将隔扇门的格心部分改为玻璃窗，二是省略了绦环板，下段只有裙板，并在裙板上用木条作简单的菱形装饰，槛窗的形式也是如此，使其更接近于简易的平开窗。只有门窗的横披部分，依然是传统的木棂条花心。（见图3-5-7）玻璃在中国开始应用于窗户上，约是在清代中后期，而直到民国时期，民居建筑的窗户几乎还都采用棂条拼组制成。至于汪家老宅玻璃门窗的年代，是否与建筑同时期，或是以后某个时期更换的，如今还不得而知。

图3-5-8

禹城安仁镇民居屋宇式大门，入口处为砖砌半圆券门洞，过道里侧的大门则为长方形，圆中有方，方中有圆。另外当地大门的额枋木许多不加装饰，却显得位置突出，具有装饰性。

二、德州民居

1. 德州传统民居

德州自古素有“九达天衢”之称，意为四通八达之地。历史上大运河不仅带动了流经之地经济的繁荣和发展，也促进了南北文化的大交流，形成了具有地域特点的运河文化，对沿河各地的民俗民风、人们的衣食住行等许多方面产生了深远的影响，时至今日山东沿河地区一些城市的格局、街巷的分布和建筑的某些特点，都留下了运河文化的痕迹。傍河而建的街巷是当地传统的商业街区，街道是根据河道的走势而定，起伏弯曲，宽窄不一。临街的店铺受江南建筑的影响，临街设可自由拆装的板搭门，扩大了入口尺度，形成更开敞的营业空间，同时各地客商的店铺又装饰各异，风格不一，汇集一处形成带有鲜

图3-5-9

这种砖券形式的大门洞在鲁西和鲁西北地区也很普遍，立面只是在拱券上皮处镶些波纹、条纹等形状的花饰砖件，也是一种门楣的装饰，再无其他修饰。

图3-5-10

平原县张华镇王达村原来的农舍现已成村民家的饲料库了。

图3-5-11

德州市夏津县苏留庄镇梁吴庄村民居大门，3米多高的大门，上部是一牌楼式的墙面，正中镶嵌砖雕“正大光明”匾额，小瓦顶的门楼正脊平直，檐口用砖做成的仿木构架形式，以及瓦当、滴水、盘头一丝不苟，样样齐全。大门是由一大一小两个套在一起的圆拱形组成的门洞，大拱形内套小拱形，门前凹进，也使得大门楼立面富有了层次的变化，该大门里的过道为单坡顶，顶子从门楼的后檐口下接出，檩条架在两侧的土坯墙上，建造形式简单实用。

图3-5-12

德州地区常见的民居大门形式，大门入口处留出一浅门洞，迎面用砖墙封住，中间开半圆拱形的窄门。

图3-5-13

土坯垒的院墙上开个洞加个砖卷再装上个木栅栏，就形成一个简单的随墙门，门内的土影壁墙，尽管简陋粗糙，但也起到了一定的遮挡屏蔽作用，这种样式的影壁在当地传统院落中普遍运用。

图3-5-14

这是梁吴庄村的一处旧院落，也是一个时代的缩影。三开间的北屋两侧挂耳房，屋面为双坡顶铺小青瓦，屋脊也是用青瓦砌筑的，像一条卧龙，富于装饰性。房门槛框以上为木棂条的气窗，墙体高砖脚。显而易见，该户当年属于村里的小康人家。

明运河文化特色的建筑群落。与其他城市地区一样，德州城的许多街巷名称，也体现了经济、文化的沉积。当地街巷名称的来历之一，也和当初所经营的某类商品密切相关，如竹竿巷，运河沿岸的重要商埠都有这个名称的巷子，说明那时南方产的各种竹子经运河大量的输送到北方各地，与之相关的竹子的加工与竹器制作等行业，也像雨后春笋般在各地成长起来。工匠们带来的不仅是竹制品的制作工艺，更是一种文化的传播交流，给当地留下特有的文化现象，并长久存在于人们的生活之中。

德州的地貌特征主要由黄河冲积平原形成的岗、坡、洼地，土壤多系盐土、风沙土。以往境内的传统民居以土木结构为主，这种结构的房屋耐久性差，现在已很少见到了，保留下来的民居多是砖木结构的房屋，但这类房子自上世纪八十年代以后，也基本被现代砖混结构的房屋所替代。传统上德州民居的院落讲究方正规矩，院墙要四角齐整、墙线平直，民间忌讳院落呈凸凹不整的形状，更忌讳所谓的“刀把院”，也就是平面似菜刀形状的院落，认为这种院落会给家庭带来血光之灾。在朝向方面，院落虽然都遵循坐南朝北的原则，但不是正南正北的直冲，民间认为只有庙宇、殿堂才不偏不倚，堂堂正正，平民百姓的宅居不能像庙堂，否则犯忌。当地小四合院的正房一般为三开间，院内砖墁甬路，大的四合院正房五间有的七间，院内大面积铺墁。

图3-5-15

魏氏庄园门前的古槐，据说是当年庄园主人栽下的，对应俗语所说“门前有棵槐，不是招宝就是进财”。门前两边还有两根木制旗杆，上有一个类似盛米用的方形木斗，将“斗”升在半空中，据当地人讲，这是寓意财富没有头，还要升。

图3-5-16

魏氏庄园的地基被整体加高、城堡如建立高台之上，这样，一是防经常性的黄河水患，同时也使庄园显得更加雄伟。此外庄园突出的防御功能不仅体现在高墙重门的建造上，还有暗室、暗道的修筑。

2. 夏津民居

德州地区夏津属黄泛平原地带，这里的传统民居多为弧形的屯顶屋，房屋上身通常用土坯一直垒到檐口处，然后表面用麦秸泥抹平，一般都在泥里掺些白灰，这样会更加牢固，屋身腰线以下的墙体一般用砖砌筑，目的是防水防潮，不过这也要根据自家的经济状况而定，条件好些的腰线以下的砖墙基部分，砖的层数可以垒砌至十数皮砖，当地称“高砖脚”，差一点的只在房屋的墙基处砌就几层“砖脚”，而当地富裕人家则建青砖瓦顶的房屋了。

这一带民居建筑上开设的门窗式样比较有特色，一种是门窗的立面造型为砖拱形式，这种式样的砖券，在砌筑时一般先用木料制成一定弧度的券胎，然后在券胎上开始由两端向中间砌筑。另一种是在门窗的过木边缘镶花饰砖边，形成一种装饰性的门窗楣，还有在窗的过木之上用立砖贴墙面砌至屋檐下，这种作法既美化了门窗的外立面，同时也起到对外露过木和门窗框处土坯的保护作用。当地民居的窗户多为直棂窗，里面糊纸挡风采光，同时房门的横披也处理成固定的木棂窗形式，增加了室内的透光性。夏津民居院落中北屋为正堂，东厢房常用来放置杂物，而西厢房多作为饭屋，院门独立或与东厢房相连。（见图3-5-13、图3-5-14）

三、滨州民居

滨州魏氏庄园。庄园是清代当地豪门大户魏氏家族的宅院建筑群，历经百年的风风雨雨，原建筑群中现只有树德堂保存比较完好，另外还有徙义堂和福寿堂两处宅院，共三部分。其中树德堂是一城堡式建筑（见图3-5-15、图3-5-16），建于清

图3-5-17

大门前垂花罩的花板透雕分别是牡丹、狮子绣球、荷花等纹样。

图3-5-18

该廊心墙上的“轱辘钱”纹样，也常见于院墙顶部的花墙的做法中，是花瓦排列样式的一种。

图3-5-19
院门透视图

光绪十六年至十九年（1890—1893），围墙先用三合土夯制，然后表层通体青砖砌筑，上设有垛口，并在东南与西北拐角处设有角楼，这种结构形式突出了建筑的防御功能，在动荡的年代，普遍建高墙壁垒求平安自保是村落建房的突出代表。同时封闭型的院落正反映出传统的封建思想观念，体现了封建守旧的心态。

树德堂第一进院子的金柱大门屋脊平直，垂脊上有走兽装饰，檐柱间的垂花罩为透空木雕，花罩纹样由上下两部分组成，包括有暗八仙、狮子滚绣球、荷花、牡丹等造型，其喻意十分吉祥。花牙子雀替则由一条云龙纹样组成，形象写意概括，该垂花罩木雕图案纹样结构细密、造型优美，装饰效果突出，成为大门罩面主要的艺术看点。大门的所有木构件都统一用髹漆饰之，整体色调统一，显得十分稳重大方（见图3-5-17）。此外该门前两侧各设置一块儿上马石，倒座的墙壁上也各镶嵌着一个“工”字形的拴马桩。其盘头砖雕有博古图，雕刻的文房四宝有书香门第的象征，不过再看墀头墙内侧面，那砖雕的“轱辘钱”纹样所做的装饰（见图3-5-18），就再直白不过了，主人的期盼在此表达得一览无余。对财富的渴望及对金钱的追求，还在该大门的门枕石雕刻上有所体现。

该门枕石上方原雕刻着一对狮子（现已丢失），左面的门枕石正面雕刻着“贪兽”图形，该兽头似龙首、身如麒麟，长有马尾、生有牛的蹄子。传说此兽非常贪心，当它吃掉了许多宝贝之后，还不满足，又想去吃太阳和月亮。结果在追逐太阳的时候，掉入东海淹死了。庄园主人将此兽形象刻在门枕石上，可理解是告诫子孙后人：为人行事不可只顾追名逐利，贪心不足是灾祸的根源，也所谓是用心良苦。而在右侧的门枕石正面雕刻的是貔貅，传说貔貅是龙的九子，形似狮子，民间还相传貔貅喜欢金银财宝的味道，并以此为食，更有说这家伙没有肛门，吃宝贝是只进不出。同时也是凶猛的瑞兽，头生双角的称“辟邪”，把它刻在门枕石上，既招财进宝又镇宅驱邪，真是一举两得。将此二兽刻在门前，似乎应了那句话：“祸兮福之所倚，福兮祸之所伏。”庄园的主人煞费苦心的筑城垒堡无非是守财、聚财，但其后人也正是因挥霍无度而败了家业。

树德堂二进院的院门是一垂花门，是将院落细分内外的一道门，这是庄园建筑群中雕刻最精致的建筑物之一。在该门前后出挑的屋檐下，两侧各垂吊着一根悬空的檐柱，长约一尺多，下端头雕刻着一个美观别致的花篮，这也是垂花门得名的由来。

垂花罩上雕刻有松树仙鹤、喜鹊登梅、蝙蝠、梅花鹿等图案，单幅可解意为

图3-5-20

树德堂的垂花门不追求彩绘的斑斓效果，而与内宅朴素稳重的建筑色调相统一。

图3-5-21

东厢房的建筑立面开窗形式，在山东其他地区也有类似的例证，该房屋上层的小窗受檐廊的遮挡只具有通风的功能，采光的作用就差了。

图3-5-22

屋顶垂脊上的仙人、走兽栩栩如生。按照封建社会的等级制度，脊饰神兽的设置也有严格限制，而在各地民居建筑中尤其是较偏远的地区，则不全受这种等级限定的制约。

“喜上眉梢、松鹤延年”等，连起来则喻意福、禄、寿、禧全至，可谓是全方位的期盼。花牙子的图案是硕果累累的葡萄，寓意多子多孙，这些木雕装饰件件华美，媚而不俗，精巧夺人。垂花门的后檐柱间安装着屏门，前面的垂花门白天敞开，晚上关闭。后边的屏门由四扇组成，一般不开，作用是从外面往里看时，见不到内院的情况，使其成为相对独立、封闭的院落。垂花门以内是内宅，外人包括家中的男佣人都是不能进入内宅，垂花门的木雕和木构件不施彩绘，整座门朴素、凝重，更突出了木雕工艺的亲切感。

树德堂内宅的建筑布局为三进九座院落，由中院和东西跨院组合而成，空间布局为四合院形式，其房屋建造精巧，并且内含符合防御安全需要的构造设计，这也是树德堂建筑与众不同的一点。例如内宅的房屋中设夹壁墙，并连接相互贯通的暗道，且暗道通向城堡外，遇到危险情况时就可借此逃生，房间中一些暗门外表被设计成壁橱摸样，看上去就是一件普通的家具，通过它可以转移到另一间屋子里。

图3-5-21是主人小儿子的居室东厢房，为二层阁楼式建筑，相比客厅的隔扇门窗，东厢房的门窗显得朴素了许多，门及两侧的直棂窗所用木料，显得粗壮有余，开窗尺寸也比普通民居的窗户大出一圈。二层阁楼的窗户就开在屋门与直棂窗上面，是一个小的木格子窗，由于阁楼主要是存放物品的，所以开窗只是用于通风。同样该厢房也只在建筑的正立面开窗，前有檐廊，所以室内采光也弱。

魏氏庄园的组成部分之一的徙义堂，虽不如树德堂建筑的规模和突出的防御性特点，但徙义堂院落的大门却建的十分出彩，前面檐柱间的垂花罩雕刻精美，正面满雕葡萄和梅花，艳丽之中透着端庄，极富艺术感染力。屋顶正脊上有似龙首的鸱吻装饰，垂脊上的仙人、走兽栩栩如生。大门的色调以黑色为主，而在余塞板和垂花罩等局部，配以朱漆点缀，使大门显得庄重之中透着富贵。黑色大门在山东传统民居中比较常见，原因之一是说黑色有驱邪镇恶的作用。再者从色彩有尊贵卑贱之分和被赋予了封建的等级性来说，唐宋以后才逐渐形成尊黄的色彩心理，另外民族代表性色彩红色在建筑上的应用也受到等级规格的限制，而黑色自明代起就只是一般官员宅门所用的颜色了。（见图3-5-22）

第六节 胶东地区民居

从地图上看山东省东部有一伸入黄海、渤海间的半岛，这就是著名的胶东半岛地区。半岛地区三面临海，物产丰富，历史上一直是山东百姓生活比较富庶的地区之一。这里民俗文化浓郁，各具特色的民间风俗、生活习俗等充分体现了地域文化特点，构成了异常丰厚的民俗文化层。受当地民俗文化的影响，胶东地区民居建筑的风格形式中蕴藏着丰富的地方传统民俗文化内涵，同时所形成的居住文化成为地方民俗文化的重要组成部分。以烟台地区民居建筑为例，一般民间建房讲求高地基、抵房檐，既实用又不招摇，另外区域内盛产优质石材，就地取材是民居建筑的普遍原则，石头墙、石头房自然粗犷，而

图3-6-1

龙口门屋的大门十分简洁，檐口压厚石板，当地的石灰岩和花岗岩都是优质的建材。同样是石头房，在建造工艺上，胶东地区比其他地方的要精细许多。

图3-6-2

龙口一带民居的随墙门，墙垣门洞的石垛上面用木头搭制简陋的架顶。

以石料筑碱墙，结合以青砖镶边的门窗口，以及小青瓦的屋顶与抹白灰的土坯墙面，房屋透着精巧朴实。封闭的院落，多有铺地，平常人家以小门楼和随墙门为主，院门朴素无华，简单实用，只是在逢年过节和有喜庆之事，门前多一些祈福与应时装饰。但大户人家就不同了，大门楼建的考究气派，处处显露出富贵之家的财力与地位，这方面烟台有两处著名的民居故宅为代表，一是栖霞的牟氏庄园，二是龙口的丁氏故宅。

一、烟台民居

1. 栖霞牟氏庄园

位于栖霞市城北古镇都村的牟氏庄园（也称牟二黑庄园），是我国现存规模宏大、保存完整的封建地主庄园，繁盛时期，牟家曾拥有粮田六万余亩，山峦地十二万亩，这也是我国近代史上拥有土地最多的“土财主”。牟氏庄园始建于清雍正年间，后历经五代人百余年的扩建翻盖，至上世纪30年代形成现有规模。庄园现占地面积两万多平方米,坐北朝南，由六大院落组成，共有房屋四百八十余间，且每个大院都有自己的堂号，如日新堂、师古堂、西忠来、东忠来等等。建筑布局是沿南北中轴线依次排列为临街的南群房（倒座）、堂屋、客厅、寝楼、小楼、以及北群房等，和东西两厢共同组成南北进深较大的长方形院落。大院与大院间以甬道相连，既成一个整体，又相对独立。每个大院又由多个大小不一的四合院或三合院组成，楼堂建筑用途各异，主次分明，建造用料十分考究，突显主人的雄厚财力。

目前庄园的主入口是六大家之一的西忠来大门，大门的地基高出街面1米多，修有七级垂带踏跺，大门两侧山墙下肩用

图3-6-3

西忠来大门，门扇油漆黑色，两侧余塞板，和门上方的“走马板”漆成蓝、绿间色，庄重之中透着冷峻，牟氏庄园中的门莫不如此。同时正脊上的“望兽”，垂脊上塑的垂兽和走兽五尊，都是来保家门太平的。

图3-6-4

牟氏庄园大门前的抱鼓石，这种型制的抱鼓在省内屈指可数，无论在工艺上和材料上，都堪称典范之作。

图3-6-5

“西忠来”的庭院多做石墁地面，甬路、更道以碎拼石板或毛石铺地，雨天不踩泥，风天不起土。院落中不仅有这砾石铺就的“石毯”还有用砾石任形就色，拼花砌筑的“虎皮墙”，色彩斑斓，耐人寻味。

图3-6-6

牟氏庄园的“日新堂”大门，虽不及“西忠来”的大门气势，但据说在分家以后“日新堂”的家业要比“西忠来”兴盛的多，但大门的气派和所谓的风水也终究未能挽救封建家族的衰落。

石料砌筑，石料经精工细琢后仅有一两毫米的丝缝，门楼显得十分简洁、规整、庄重，门扇高2.44米，宽2.2米。（见图3-6-3）大门上刻有“耕读事业、勤俭家风”八个描金大字的对联，与门前整体色调和谐统一。门联内容体现了牟氏家族治家理财的座右铭，不仅如此，庄园内的大小厅堂前也悬挂着许多教化类内容的木质对联。

其次门前超高的大门槛，大门两侧的抱鼓石用含金元素的青黑色玄武岩刻成。通体有1.5米高，鼓镜直径为70厘米。荷叶形托起的石鼓上面雕刻有；“四喜临门”、“福禄寿喜”、“麒麟送子”、“刺虎圆寿”等吉祥图案，以及“刘海戏金蟾”、和“姜太公钓鱼”两幅民间传说故事。鼓座部分，正面刻有高浮雕卧狮，狮头为立体圆雕并扭向一侧，十分生动传神，鼓座内侧面分别雕着“富贵耄耋”、“和和美美”图样。纵观抱鼓石雕刻，工艺精湛，造型优美，夸张有度，意趣无穷。（见图3-6-4）

西忠来大门的硬山顶也要比通常的屋宇式大门讲究许多。正脊两端用“望兽”收头，“望兽”与明清建筑屋顶常见的吞脊状的“鸱吻”不同，其头向外翘望，故称“望兽”，是一个造型似龙首的脊头装饰构件，传说它可以观天象、避火灾，所以人们将它安在屋脊上以保佑居住安宁。而垂脊上走兽则为单数，建筑等级越高数量越多，最多为十一个。牟氏庄园中屋宇式门楼的垂脊上都设五尊神兽，与门楼的样式、尺度十分和谐统一。也体现出牟家并不只是一土财主，而是具有官府头衔的封建权贵。宅门既象征着主人的社会地位，又体现了居住者的许多期盼，与门相关的附加装饰加强了人们这种精神

图3-6-7

图3-6-8

牟氏庄园中院落的随墙门，小门楼的后檐下加一垂花门中常有的屏门，四扇组的屏门漆成黑色，这也与庄园中其他门的颜色相同，再则每扇门的上面贴一个字，连起来正好是汉语中常用的“四字格”语，朗朗上口，言简意赅，如“福禄寿禧”、“五谷丰登”、“平安吉庆”等。

图3-6-9

西忠来的寝楼，建造精良，功能考虑周全，其火炕的炉门设在屋外，既卫生又起到防火的作用，还不影响主人日常生活起居。

需求。西忠来大门内有一块长方形石毯十分独特，石毯选用多种颜色的河砾石拼砌铺就，用青白色麻石做边框，并在中间和四角分别拼出双钱寿形和蝙蝠图案，寓意福、寿、财全有。（见图3-6-5）据说当初做石毯是主人为求吉避凶所为，但后来家门还是屡遭不幸，经风水先生察看，说石毯正起反作用，是保佑离家迁出的人有钱、有福、有寿。可怜主人的一番良苦用心，早知如此就将石毯铺砌在大门外岂不圆满。

现存牟氏庄园中基本每大家都有楼房建筑（南忠来除外），而寝楼又是庄园中最精美的建筑之一，如西忠来的寝楼，两层五开间，房门高约2.8米，门口上方加一装饰性很强的小屋檐，使门看上去更显高大气魄，二层的窗户为拱形，是相对较小的两扇对开窗，一层是较大的对开窗，两层窗的花格样式都为“灯笼锦”形式，朱红色漆，工艺考究。色彩上，牟氏庄园中的板门都是黑色，而厅堂、寝楼上的对开窗（也有四扇对开）、支摘花窗等都漆成朱红色，倒坐房和厢房的木棂窗则漆成绿色，与厅堂和楼房的窗户形成等级差别。等级制在牟家可谓层次分明，有史料记载，牟家人所雇之人也分三六九等，生活待遇各不相同，如吃饭就有大、中、小灶之分，中灶、大灶每日都有固定的伙食标准，账房先生 、私塾先生等享受中灶，丫环、长工等吃大灶，而小灶只有主人享用。

另外牟家建筑多依据和参照清雍正、乾隆年间工部颁布的工程准则《工程做法则例》建造，官制标准的建筑自然十分考究，非一般地方建筑可比。

图3-6-10

“履素堂”大门典雅大方，这种门房式的金柱大门，特点是门的瓦顶与倒座房屋顶为一体，门洞是倒座的一个开间。大门有独立的正脊，脊的端头装饰似龙首的望兽，由于屋面再无其他装饰，望兽形象十分突出，连同门的附加装饰则体现了主人家的权势与地位。迎门的影壁建造精细，府内逢佳节和喜庆之事，将鸿禧牌子挂在影壁上，以示吉祥。

2. 龙口丁氏故宅

现存丁氏故宅是当年人称黄县“丁百万”的家族宅居建筑的一部分。丁家先人最初是以做小生意维持生计，从小做大，后以经营“当铺”发家，至清乾隆年间，发展成当时山东首屈一指的富商大户。丁氏家族兴旺时期，家族宅地占据黄县城里大半部分。如今虽然大部分建筑在以往的岁月中被拆除了，但从仅存的丁氏家族中“西悦来”支系的故宅中也可感受到当年丁家的阔绰。故宅分东西两大区，呈丁字型布局，东区坐西朝东，由两路大院组成，每路为五进四合院落。西区主要的建筑坐北面南，也是由两处相连的大院落构成，两处也都是四进四合院落组合。东西两部分现共有房屋243间。说到黄县的房，以往在胶东有口皆碑，而丁家的宅居建筑无疑就是黄县房的代表，这如同栖霞的粮，如果没有牟家万顷良田，也就没有所谓的“栖霞的粮”一样，都是有所指的。丁氏故宅的建筑用料十分讲究，房屋的梁和檩选用上等的柏木和楸木制成，并且要无疤无节，所用的砖则要经过油浸，然后“磨砖对缝”精心砌筑而成。

中国封建社会时期的科举制度，使得读书求取功名，成为平民大众改变命运，光宗耀祖的首选途径。明清时期著名的徽商、晋商都十分重视对家族后人的文化教育，这也是各地商家的一个共同特点，目的无非是以学促商、官商结合，实现长盛不衰。丁氏家族也不例外，将读书作为传家立业的根本，并且深谙其贾儒相关，儒政相连之理。正因如此，丁家院落中专僻私塾，供家族子弟专心学习，同时聘请知识渊博的先生执教，待先生如家人，给予

图3-6-11

垂花门在架构上一般分为，“担梁式”、“一殿一卷式”和“多檩单卷棚式”，丁氏故居的垂花门，属于四檩卷棚结构。油漆彩画设色素雅，类别特征并不明显，只是兼具苏式彩画与旋子彩画的一些特点，反而显得更独具特色。

图3-6-12

迎门的装饰，既起到影壁的视觉功效，又是围墙的一部分，构思巧妙，丁氏故居中十分注重迎门的视觉效果，且不拘影壁的建造形式，有的只是体现影壁所营造的一种感觉和氛围。

图3-6-13

房门虽小细节之处见功夫，门簪处理成云朵形，小门枕石上的花纹雕刻的一丝不苟，槛窗的“棂条心”为菱花锦样式，槛窗和门的上面还开有一小直棂窗，用以增加室内的光线，类似的开窗形式在胶东其他地区也时常见到。

很高的礼遇。这些做法在当时社会并不多见，现在看丁家之所以能保持相当长的兴旺发展期，与他们尊师重教，以及家族注重文化底蕴的积累有密切关系。如今丁氏故宅中让人目不暇接的楹联，多是丁家族人做官或发迹后请当时的社会各界知名人士所写，包括林则徐、左宗棠、铁保等清代政界高官，以及郑板桥、何绍基、赵之谦等清代书画名家。楹联内容十分丰富，有“古今来多少世家无非积德，天地间第一人品还是读书”、“精神到处文章老，学问深时意气平”、“为学日益为道日损，大勇若怯大智若愚”等等，诗句对仗工整，意蕴悠长，富含哲理性。楹联或阳刻或阴刻，鎏金大漆，色彩亮丽，夺人眼眶。堂前屋内的幅幅楹联又因位置的不同与空间和环境进行恰当的匹配，也使得故宅的建筑成为一种文化的载体，营造了丁氏故宅浓郁的文化氛围，让故宅的特色更加突出。

丁家房屋的隔扇、槛窗、支摘窗也是装饰的重点。隔扇和槛窗的花格样式包括，菱花锦、灯笼锦等，而支摘窗则为双层，棂条花心有常见的步步锦、套方灯笼锦和盘肠纹等样式。所有窗户统一涂以丹漆，加之工细的花格样式，使隔扇与窗户不但玲珑剔透，又在视觉上产生隔与透的艺术效果，并且与室内的陈设在风格上十分协调一致，为室内空间营造出光与影的多样变化，给人以朦胧美的感受。院多房多，门自然就多。丁氏故宅的门，式样丰富，各个门都有自己的特色，形式上包括金柱式大门、垂花门，小门楼和洞门，以及不同结构的板门、格扇门等。从风格上看丁氏故宅的大小院门皆油漆彩绘，彩绘以石青、石绿等冷色为主调，间有描金和红色点缀，视觉上虽不比京城的院落大门那样鲜红亮丽，但却显得格外典雅华贵，且门的整体比例尺度适当，形态表现平和不张扬，既有官制建筑中的严谨规范，又有民间建筑的灵活多样的处理手法，建造工艺更是一流。与院门不同丁家的屋门十分简洁大方，基本是黑色的板门，有的门框上装有一对门簪，算是门的唯一装饰物。故宅门式处处都透着丁氏商人行事的精细，反映出商家特有的内敛、务实和干练的作风。

3. 莱州民居

莱州的海草房民居，因其独特的结构形式，别具特色。在莱州市北部现三山岛街道办事处辖区中（原过西、西由镇一带）还保留有一批几十年前的海草房，特别是在原过西徐家村幸存下来的海草房建造工艺十分精良，村里的老宅多为一进式小三合院、四合院形式，临街的一侧建倒座房，大门开在倒座的一侧，占倒座的一个开间，大门前有不太深的门洞，在门扇正上方的屋顶位置有一富于装饰性的正脊，并与两条垂脊一起勾勒出一完整的门楼形状，门楼更犹

图3-6-14

这是徐家村中保存比较完好的一处临街倒座，除檐口的瓦翻新过，其他部分依然保持古朴端庄的原貌。倒座坐南朝北，大门开在其东南角位置，两侧墀头微微前凸勾勒出门洞的形状，门前形成凹进的门洞。门扇上方的门头板斜至檐檩处，这也是当地大门的一共同点，结构上简单实用，门前檐檩下有花牙子卷草纹透雕，可惜已残破。门楼的顶子采用单坡顶，略高于倒座顶，门楼的正脊与扇门的位置垂直，也就是在屋檐至屋脊距离的约三分之一处，整体犹如嵌入在倒座之中，这也是当地倒座大门的突出特点。

图3-6-15

图3-6-16

是徐家村后来不同年代建造的倒座房，可以看出建筑材料的不断变化，质量水平也在不断提高，而传统的门楼形式，还是当地人难以割舍的情节。不过随着时代的发展，人们生活水平的提高，门楼也在悄然发生着变化。

图3-6-17

徐家村中民居的小门楼，迎面效果十分雅致，从材料到工艺都称的上精挑细作，门前有一浅门洞，墀头墙内侧墙面心，有条砖拼成铠甲叶子形的花纹，门楼入口如缩小版的“ 金柱大门”， 这也体现了民居建造的灵活性，以及没有那么多的条条框框。不过小门楼的正面效果是无可挑剔，但门内工艺和材料就显的粗糙许多，要说是“门脸”的话，这个小门楼只算露了半个“脸”。

图3-6-18

当地大门墀头墙内侧陡砌龟背锦形式花纹，抱头梁下有砖雕万字条纹，其边框一侧成斜角，正好与门头板的角度一致，这些局部的变化既有装饰性又显得井然有序。

图3-6-19

徐家村中村委会内的老房子，正房五开间的海草房在当地已很少见到了，老房的各处都有待维修，首先是顶子，只是据村里人讲不光海草现在难觅，也难找到熟练的苫匠。

图3-6-20

莱州海草苫顶的小门楼，一般墀头下肩是石头砌筑，墀头上身为砖砌成，而石岛一带海草房的小门楼基本不用砖，都是当地的花岗岩石块砌筑，相比之下莱州的海草苫顶的小门楼，在形式上要平淡许多，显得中规中矩。

如嵌入在倒座房之中，门楼一般为小黑瓦顶子，略高出倒座的房檐，在海草顶的衬托下，显得格外精巧别致。

与荣成的海草房不同，莱州当地的海草房多只是在墙体的下碱（相当于现代建筑的外墙裙）部分采用石料，墙体上身则用青砖砌筑，再者最大的不同点是屋顶，莱州的海草房屋顶没有荣成海草房的坡度大，厚度也不及后者，莱州海草房一般有垂脊，檐口部分为木构架。莱州的海草房先多以麦秸铺底然后铺高粱秸秆，最后铺海草，屋脊处海草的厚度有一米以上，当地还有一些维护海草苫顶的小巧门，就是用泥或泥球压脊，这样下雨时泥顺势而下，将海草顶子的小空隙填充，这样做简单易行，但确有效果。在徐家村的村委会内有一处老房子，四合院落，正房是五开间的海草房，东西厢房三开间，倒座房现改为村委会的办公室，进院迎面有一影壁。正房的窗户还保留原貌，在面阔方向次间、稍间的窗户样式相同，是由上下两部分组成，青砖镶边。下部为方形木棂窗，窗口过木之上还有一长方形的小窗，棂条心为直角拐弯的“拐子锦”形式。此外在屋门的两侧还各有一个65厘米×30厘米小直棂窗，显得格外有趣。据村里的人介绍，该院的主人原是解放前是当地一知名的进步人士。（见图3-6-19）

大门是宅院的标志，是社会地位和财富的象征。有钱大户人家往往是不惜工本将大门修的高大华丽，而一般家底殷实人家就不一定会如此张扬，一是有各种禁忌，二是为避免树大招风，所以在大门的形式、尺度的选择上往往不追求华贵富丽，多在精工细作上下功夫，这样就省的惹人注目和招人妒忌，而家门又显得有十分得体。如今徐家村和莱州其他地方的民

图3-6-21

马家寨村（属石岛管理区宁津街道办事处）中的海草房小院的院门，院门的顶子也是用海草苫盖，这种顶子普遍用木头札起架子，两侧用石条挑檐担在石墙上，然后用树条或荆条编成的笆箔铺在檩条上，压一层泥后再铺麦秸，最后铺一层厚海草，门楼顶子的苫盖方法与海草房相同，只是材料和工艺没那么考究，比较粗陋。海草房的院门并不高，通常是随墙门形式，所用石料一般与房子相一致，门前没有任何装饰，逢年过节在门上贴幅红对联，算是唯一的美化。小门楼的样式风格与海草房协调统一，一切都显得那样自然纯朴。

图3-6-22

现今海草苫盖的小门楼比海草房更稀少，因为小门楼的海草苫顶比海草房的要简陋许多，坡度又小，容易水浸霉坏，所以门楼大都改成普通机瓦顶了。

居一样拆旧盖新，砖瓦房代替了以往的海草房，但有一点就是原海草房的大门形式被较好地继承下来，而且材质多样，形式更加丰富。

二、威海民居

荣成的海草房。说起荣成传统民居，自然会想到著名的海草房，因为胶东地区的海草房以荣成地区的最为典型，现主要分布在石岛、俚岛、港西镇等沿海渔村中，其特有的建造形式在中国传统民居中独竖一帜。当地的海草房屋顶高耸，屋面坡度很大，这种陡坡状的屋顶便于快速排出雨水，防止海草特别是麦秸的霉腐，因为海草房的顶子不是全用海草苫盖，在表层厚厚的海草下，一般还铺有一层麦秸，麦秸的使用是起到屋面定型的作用，毕竟海草过于柔软纤细，有麦秸铺底再铺海草就停妥多了，如海草房的屋檐处，就靠麦秸层层叠压向外出挑制成的。海草房的墙体许多是用不规则的石块随圆就方砌成，用白灰勾勒的粗缝格外醒目，外观上海草房高大厚实的屋顶与低矮的毛石墙体显得十分粗犷古拙，极富地方特色。历史上民间的营建活动大多是因地制宜、就地取材，海草房的形成首先是沿海地区有丰富的海草资源。“海草”主要指生长在山东、辽东半岛地区温带浅海域中的大叶藻等野生藻类，在春夏两季生长繁茂，到了冬季海草被海浪大量的卷上岸滩，这时的海草含有大量的盐分和胶质，晒干后就是优良的屋顶用料，海草既隔潮保暖又耐腐防蛀，并具有一定的阻燃性。另外胶东半岛地区多山、丘陵起伏，优质的石材也为民间建房提供了物美价廉的好材料。

荣成地区海草房依地势而建，院落布局有小三合院、四合院形式，一般院落多比较狭小，有些院落只有北屋和一间放杂物的小东屋。村落中房屋密度较大，房与房多连靠在一起，这种山墙接山墙、草顶连草顶的无缝对接，组成了连绵不断又错落有秩的民居连排群落。当地海草房的历史有据可查的可追朔到至元代，从那时起，随着人口的增长海草房不断发展，至明清时期已遍及胶东各地，至于海草房最早形成的年代应更为久远。上世纪90年代以后随着沿海经济的迅速发展，富裕起来的人们大量的拆除旧海草房，改建宽敞明亮的砖瓦房，海草房逐渐退出了人们的生活空间。由于大量的近海围网养殖和其他人为因素，直接影响了海草的生长环境，近十几年海岸上海草涌上来的越来越少，现已成为稀缺资源。

海草房的特色中体现了当地比较古老的建造活动信息。作为一种传统的物质文化其传承的活力，更多地体现在居住者所用所接受的程度，海草房这种充满地域特色的建筑形式之所以能够长久延续，其生命力在于适应自然环境、利用自然条件，它的魅力也就在于具有回归自然的特性。

第七节 青岛民居

一、里院建筑

青岛是中国著名的沿海开放城市，景色秀美，气候宜人。由于其近代史的特殊性，造就了青岛与众不同的建筑文化，形成了具有欧陆特色的城市建筑风貌。19世纪末德国殖民主义者凭借不平等的《胶澳租界条约》强占青岛后，殖民当局为实现将青岛建成其永久的殖民地，在军事占领的同时，在政治、经济、文化、宗教等方面，也全面推行侵略扩张政策。这一时期的城市建筑，主要仿照的是日耳曼传统建

图3-7-1

青岛的里院是近代城市化的产物，是在传统合院建筑的基础上，为适应城市密集人口的需要演变而形成的紧凑型城市住宅。在沈阳、哈尔滨等城市也有类似的建筑分布。与上海的里弄、广州的竹筒屋等，代表了近代开放城市中“本土演进的住宅”的几个类型。

筑模式，并受当时西方所流行的建筑形式与思潮的影响。概括的说以西方近现代折衷主义建筑形态为基调，兼有对古典式和浪漫主义的融合。同时这期间的建筑对岛城以后的城市建筑风格产生了巨大影响。这种城市化体系的推进，当然是出于殖民当局自身利益的需要，无形中也迫使封建落后的旧乡村，加速向近代城市化转型。在这个背景下，占岛城人口绝大多数的中下层民众，只能拥挤在“高密度、底标准”的大杂院——里院之内，这是一种在指定的区域内专供华人居住的、并具有中西合璧特点的民居建筑形式。

所谓里院就是以外廊式楼房组成的四合院或三合院，楼房为二至三层，临街而建，多数是砖木结构的，平面布局为口字形也有日字目字等形状，院内设有公共水龙头和公厕。里院的一层一般做临街的店铺，二三层供人居住，每间房只有十几平方米，此外里院规模不等，小的住个十户八户，大的能住几十户。里院的建造多是由中国商人投资，在传统的合院基础上吸

图3-7-2

里院的外立面要说有变化，主要集中在门窗开洞形式上，里院的大门多以拱形为主（包括半圆形和圆弧形），多是具有欧式风格的大门，两侧有爱奥尼克式小壁柱的装饰，算是比较吸引人注目的地方。

图3-7-3

观象一路43号，里院的楼匾比大门还宽，门洞不是拱形，而是比较规则的六边形，这种具有一定特色的里院门洞样式，在当地也并不常见。

图3-7-4

在岛城一些庭院小楼由于历史的原因，也成为现代人家几户共享之所。观海路23号，建筑的窗口部分采用花岗岩石砌筑，门洞上方由蘑菇石组成的圆弧形将门与窗有机的联系在一起。黄色的墙体腰线以下毛面花岗岩石块砌筑，屋顶红瓦，这些都是青岛西洋式建筑的基本形式元素。

图3-7-5

粉饰一新的大门，属当地比较有特色的一类里院大门处理形式，长方形外框内套拱形门洞，门两侧做罗马式矮柱立于砖跺之上，门洞口之上加些线脚装饰。

图3-7-6

博山路53号里院，旧损的西式大门，特色在于该门头板的上部为半圆形，板面雕有斜万字纹样，中间还有一“团寿”图形，这种运用中西混杂形式作门的局部装饰，也是青岛里院门洞的一大特点。

图3-7-7

图3-7-8

图中可以看出大多数里院曾经的状况，狭窄拥挤的空间中人们见缝插针，搭建的小房、到处堆放的杂物，使里院生活环境更加恶化，加之里院建筑自身的缺陷，如一般里院中只设一个自来水龙头、一个厕所，里院的居住模式，随着城市的建设的不断发展，和人民生活水平的提高，已完全不能满足现代人的生活需求，全面改造在所难免，这些年青岛对里院的改造，使得众多原里院居民的生活环境得到改善，不过沿袭了近一个世纪的里院建筑，已成青岛特有的城市印象之一，改造与保护也是必然的课题。

收西方住宅的样式风格由中国工匠建造，里院临街立面的处理，就常防制西式建筑的细部样式，如里院的大门多为拱圈门洞，有些在入口的两侧还做西式壁柱，而院内的外廊装修则体现出中式风格。因为里院是旧时社会中下层百姓的居住场所，是以解决最基本的栖身之地为目的“廉租房”，所以建筑的结构形式相对单一，四面围合的楼房、红瓦黄墙是主色调，少有额外的建筑装饰。里院的大门洞，大小各异，一般占据底层一个开间，并形成长长的过道，大门的造型和装饰使单调的建筑立面有了一些变化，不过对西式风格的模仿多为拼凑，形式上许多大门显得不伦不类。里院这种特殊围合形式的居住空间，造就了一种相对封闭的群体居住环境，在这拥挤的空间环境中，生活无私密可言，大家必须互谅互让，邻里间的坦诚使相互之间的关系愈加密切。特殊的环境使里院生活的人们形成了特有的里院文化，那就是以诚相待、互帮互助的平民生活方式，以及和谐、融洽的居住氛围。而今许多里院被拆除了，剩下的里院因年久失修也显得很陈旧，简陋的生活环境，已难为现代人所接受，但里院中人与人之间相处的那份真挚的情感，是里院人永远美好的怀念。

二、花园洋房

1. 康有为故居

康有为故居原是德国总督府官员的宅邸，建于上世纪初，位于岛城市南区福山支路5号，上世纪90年代辟为康有为纪念馆时大修过，为砖木结构的花园洋房，建筑面积一千多平方米，上下三层，二层有木构外廊，廊柱和木栏杆也是统一的欧式风格。近代中国的西式建筑，称这种带外廊的建筑为“殖民地式”。“外廊样式”建筑也是德国占领青岛期间的一主要风格。该样式一般有两面以上的外廊，不过这处

图3-7-9

康有为故居也称“天游园”，是源于当时被废黜的宣统帝溥仪所赠的“天游堂”匾额，康有为依此给这所洋楼起名“天游园”。

宅邸的建造年代是“殖民地式”在中国流行的晚期。象这类高标准的独院住宅，当时多为外国人享有。康有为是于1923年购得此住宅的，4年后病故於此。

该宅邸的主入口设在二层的中间位置，前有带高台的露天台阶，左右两侧都可以行走，入口是一圆拱形大门，细面砖工镶框，玻璃扇门的上部是个半圆拱形的窗，用棂条组成弧形和放射状，这种结构样式十分利于采光，也显得较为轻盈通透。此外该建筑上的其他门式、窗式也多为拱形，或是在房门和窗户上方加一弧形门、窗楣，使得建筑立面效果协调一致，也使众多的房间门窗在统一中富有变化。（见图3-7-9）

2. 山海关路1号

山海关路位于青岛著名的八大关景

图3-7-10

山海关路1号院落的大门，方整的花岗岩墙基，上部门柱、墙体粉刷黄白两种颜色，西洋图形装点期间，在郁郁葱葱的植物的映衬下，显得格外宁静素雅。

区，景区内因汇集了众多造型各异的西式花园洋房而闻名。在上个世纪30年代，青岛在经历了德国占领期、日本统治期和北洋政府时期以后，终于被民国政府接管。由于这个时期当地政局相对安定，远离战火纷飞的多事之地，所以吸引了许多外国侨民和驻华代办，以及国内的达官显贵等来此，而八大关一带是当时民国政府所辟的“特别规定建筑地”区域，背山面海，环境极佳，成为置地建宅的主要之所，至30年代末，不同时期各种风格的仿西式建筑在八大关已渐成规模。

根据记载山海关路1号花园洋房建于1933年，是由中外建筑师共同设计的，法国商人建的府邸式建筑，建筑为二层平顶，房屋正面四根高大的科林斯柱式丰富了建筑的立面效果，且建筑面积很大。与当地大多数花园洋房的院落大门略有不同，该大门运用西式图形元素做装饰，风格特点突出，在青岛这类别墅的院落大门一般都以铁艺大门为主，院墙也是铁栅栏制成的，十分通透。当年的民国政府，对地区内建筑的高度和面积皆有所限定，特别是八大关区域内，连建花园洋房的式样都规定不能重复，要做到一图一户，围墙也要通透低矮。所以这里的临街的大门只起到围挡的作用，更强调使用性，整体上趋于平淡，没有中国传统民居大门那么多的讲究。

不过从根本上讲，这是源于两种不同的居住建筑类别，传统的民居属于乡土建筑。在北方主要是内向型的合院，建筑的布局是以组成院落为特征，由房屋围合成的院落，使建筑与院落密切相关。花园洋房则属于近代由西方传入的居住类型之一，以“独户型”为主，结构形式大都采用居住者所在国家中当时比较流行风格样式，多数为高标准住宅，特点是占据良好的地段环境，一般为二层楼，有独立的院落，院落有优美的绿化。这种独户型的住宅，体现出西方建筑自身的封闭性，建筑主体与院落围墙是一种相对独立的关系，围墙仅作为领地的界线，与中国的院落文化差异较大。不过岛城有些院落的铸铁栏杆和大门的铁艺装饰，其工艺也十分精美。

山海关路1号院和八大关其他独家院落一样，居住者换了一代又一代，不变的是它独特的风格和许多让人津津乐道的故事。

第四章 门的结构类型之一牌坊门

古老的牌坊是中国漫长封建社会历史的重要见证，它伴随了封建社会的产生、繁盛直到衰亡的全过程。作为封建年代的遗物，史料记载，早在春秋时期的衡门，就是牌坊最早的雏形。所谓“衡门”是指两根立柱之间架根横木，其间再装上门扇而形成的门。后来出现的乌头门是由华表和衡门演变而来，在《唐六典》中曾规定，只有六品以上官员的府邸才有资格建乌头大门，由此这种大门成为身份和地位的象征。宋代以后牌坊作为独特的建筑类型，建造艺术上日趋完善，明清时期则是牌坊的繁荣期。如今因年代过于久远，许多牌坊早已淹没在荒草沙土间，当你在不经意间，偶遇巍然挺立在乡间郊外的牌坊时，会对它曾经的壮丽和具有的独特意义而感叹。扫去封建历史的尘埃，牌坊在建筑艺术方面的成就，总令人赞赏不已。

第一节 牌坊概述

牌坊（牌楼）是我国古建筑中特殊的建筑类型，属于标志性建筑，是一种带有纪表作用的装饰性的独立门式。在古老的城市和乡村中，牌坊曾是一道独特的传统景观，牌坊的存在丰富了建筑外部空间环境；作为门的形象，又具有引导和空间分隔的作用，街道上的牌坊坊间起到对街道空间有序的划分，使车马与行人各行其道。高大耸立的牌坊营造着不同的环境氛围，同时古老的牌坊也是传统历史文化与艺术的特殊载体。有学者研究分析，牌坊“盖自汉代之阙，六朝之标，唐宋之乌头门棂星门演变形成者也。”这样看来，牌坊的源起是多方面的，如汉阙这种汉代的礼仪性建筑，是建于当时都城、宫殿、陵墓、祠庙等处，仿木构的石阙，阙身的形制像碑，一般都有雕刻装饰，顶部覆檐雕椽及瓦饰。乌头门是衡门结合华表发展形成的一种大门，形态高大庄重，因其柱顶端涂有防腐的黑漆，故称乌头门。自宋代开始乌头门的称呼逐渐被棂星门所取代，在古时祭天，首先要祭祀灵星（文星），并建有灵星祠，宋时祭天地始设“灵星门”，因木质的门上有窗棂，所以也称“棂星门”，棂星门主要采用乌头门的形式，以后历代封建统治者在祭祀建筑前常设置棂星门，如用做孔庙（文庙）以及坛庙等重要建筑大门，显得威严、气派。另一方面，牌坊因其功能性质和设置的位置的不同，有建于寺庙宗教建筑门前的牌坊，就有可能源于棂星门的影响，而建于陵墓前的牌坊则与汉阙有着密切的关联。

封建社会中的牌坊主要为旌表之用，建造的目的是对忠、孝、节、义等封建人伦纲常的强化、也体现了传统道德观对人们思想精神的控制。封建社会中礼制是历代统治者推崇的德行规范，目的是要维护一个稳定的统治秩序，标榜功德，宣扬封建教化，对于世人的功绩要挂匾加封，对于故人也要歌功颂德，树碑立传。旌表就是诸多礼仪制度中的一种形式，古时就

图4-1-1 汉阙

图4-1-2 宋代乌头门

有，这也与古代实行的里坊制有关。在盛行里坊制的唐代，百姓住在高墙围合的“坊”内，出入都要经过坊门，官府便利用坊门表彰那些遵循封建礼制德行的顺民，让经过的人们时时受到教化。这种方式就称做“旌表”。以后旌表之法并没有随里坊制的废除而消亡，其坊门的形式、作用也成为牌坊演变由来的重要一步。而作为一种宣扬封建礼教的媒介，牌坊的旌表功能倍受历朝统治者的重视。所以牌坊的形成，从内容到形式是由不同内涵与渊源联系的门式逐渐演变完成的，是综合性的。明清时期“旌表建坊”的做法达到高峰，尤其针对广大妇女所宣扬的节妇烈女思想，使得众多的人成为封建礼制的殉道者。各地一座座贞洁牌坊，也成为最常见的牌坊种类之一。

在讲究等级秩序的封建社会中，牌坊也不是民间随便就能立的，明清时期建贞洁坊、功德坊等要经官府同意并报奏皇上恩准，所以在人们的观念中，将为个人立牌坊看做是一件光宗耀祖的事，特别是能得到当朝皇上钦命修建牌坊，更是个人和家族至高无上的荣誉。因此牌坊与一般各地自建民居建筑，还是有所不同的，其中有些就是官修牌坊。不过牌坊更多体现了不同地方有不同风格特色的民间形式。受等级约束，民间常用的牌坊形式有四柱三间三楼、三间五楼、三间七楼等。牌坊，民间多称牌楼，坊与楼形式上有差异，牌坊是统称，牌坊包括带檐楼（屋顶

图4-1-3　孟庙棂星门

结构）的牌楼和没有檐楼的牌坊这两种形式。而牌楼的构架从立柱上分，又有冲天柱式和柱子不出顶两种。

牌坊的建造材料最初为木质，发展到后来以石坊、砖坊为主。牌坊所旌表的名目种类繁多，如功德牌坊、忠正牌坊、功名牌坊、贞节牌坊、书院牌坊、陵墓祠庙牌坊、寺庙牌坊、名胜古迹牌坊……渗透到我国封建社会人们生活的各个方面，形成一种中国特有的标志性建筑形态。牌坊至明清两代在表现形式和材料工艺等各方面达到全盛期，现在所见的牌坊形式则为明清时期所特有。一座牌坊不但是体现了传统建筑艺术的魅力、岁月风情、民俗文化，也承载着一段沉重的历史。时至今日，牌坊也是海外许多唐人街、华人社区的传统特色标识。

资料显示明清时期的牌坊曾经遍布省内各市县，但至今，古老的牌坊已所剩无几，近几年随着挖掘当地文化旅游资源的兴起，各地新建重建了一批应景牌坊，不过失去的已无法挽回，古老的牌坊是传统城乡建筑整体风貌的组成部分，老牌坊承载着许多历史文化的记忆。

第二节　山东省的牌坊门

一、泰安萧大亨陵墓石牌坊

萧大亨，泰安当地尊称为萧大公，明代泰安人氏，字夏卿，号岳峰，生于1532年，卒于1612年，是明代嘉靖、隆庆、万历三朝元老，曾兼任兵部与刑部两部尚书。萧公故去后，当时的万历皇帝敕令为其造墓立坊，以表彰大公一生之宦绩勋业。陵墓位于泰山南麓满庄镇萧家林村，

图4 -2-1

华表在墓前则称墓表。华表据说最初是尧、舜设立的“谤木”是让百姓提意见用的，再一种说法是，源于古时指示道路方向用的木柱标识物，无论源起如何，华表流传至后来，成为重要建筑物前的一种装饰，该墓前的一对华表，柱身以浮雕云纹为装饰，均匀细致，穿透柱身的云板就像一漂浮的云朵，十分传神。

图4-2-2

石马则是历代帝王和将军陵墓前常见的设置，古时马既是主要的交通工具，更是军队的重要装备，马的形象用在墓前，最早的实物见于汉代名将霍去病墓的“马踏匈奴”石刻，那时的大型石雕因工艺技术所限没过多的细部刻化，只是突出马的主要特征，而大公墓的石马雕刻技法十分成熟，石雕造型生动逼真。

占地近30亩，寝墓座北朝南，前面修有神道，长一百七十多米的神道两端各建有一座高10米、宽9米的石牌坊，神道两侧还修有对称的石华表（墓表）、石武官、石虎、石羊、石马、石文官等，各个形神兼备，雕刻精美。在陵墓前的神道两侧设石人、石兽，早在汉代就有，主要是体现主人的身份和地位，后来一直流传相承，演

图4－2－3

萧大公曾是兵部尚书，也就是一国的国防部长，统领军队，墓前自然少不了武将镇守。石像面部神情肃穆，大头圆脸，手持兵刃，体态敦实健壮，造型夸张，特别是身上的战袍雕刻层次分明、衣带折纹线条流畅，石像充分体现了武将的八面威风。

变成镇墓的形象，同时石人、石兽以及墓表也营造出陵园庄重雄壮的氛围。

萧公墓有两座石牌坊，都为四柱三间三楼形式，两座石牌坊的造型、尺寸和结构基本一致，只是局部形态有所区别。石坊开间高大，石牌坊的基座，为次间下两组大型须弥座式台基，使的整个牌坊更显的端庄与稳固。其中陵墓入口处的石牌坊，保存基本完好，石坊通体布满装饰性雕刻纹样，由于建坊的材料选自当地优质的“泰山红”花岗岩，质地细密，色泽均匀饱满，施以精湛的工艺，集浮雕、透雕、圆雕、阴刻等多种雕刻技法于一体，成就了牌坊恢弘壮丽的艺术效果（见图4－2－4）。牌坊的檐口部分有仿木雕刻，三层斗拱中间的匾额上刻着“敕建”两字，明间和次间的屋顶做成庑殿顶的形式，正脊两端有吞脊的脊兽。迎面柱间的大小额坊上，分别用浅浮雕和高浮雕结合镂雕技法刻有“云鹤朝日、“二龙戏珠”和“盘龙云珠”（见图4－2－5）。中柱上有“束发登朝，勋业永垂于边地；鞠躬尽节，忠勤益励于宦成”的刻字楹联，这也是对萧大公多年为官业绩的高度赞扬。

对于这样一座大型石牌坊，稳固是十分重要的。建造者在四根立柱的前后两侧，雕有八座装饰性石构件（如抱鼓石），上有造型生动的石狮，每座石件都是由一整块石料雕凿而成，这样可以起到对坊身的稳定作用。石构件的顶端是只蹲坐的石狮，下半部分雕成方座，中间是侧立的鼓形，石狮形象有雌雄之分，神态各异，极富情趣。（见图4－2－6）

寝墓前的石牌坊与入口处的牌坊形制一致，区别在于局部形象表现略有不同（见图4－2－7）。特别是寝墓前牌坊明间的大小额坊上，有表现“仙人”和反映萧公生前的生活场景，以及“骑吏罗伞”等礼庆内容的雕刻。场景构思精巧，构图平稳舒展，形象刻化生动传神，有着较浓厚的社会生活气息，虽然内容源于生活，形式比较写实，却包含许多装饰因素是难得的具有现实主义意味的雕刻作品。坊间花板上刻有“茂膺天宠”四字。纵观萧公墓

图4 -2-4

萧大公墓的石牌坊用料考究，结构紧凑，轮廓分明，牌坊在空旷的原野上显得格外挺拔庄重。陵区内的其他装饰石雕与牌坊一起构成完整壮观的陵墓雕刻群，而在历经四百年的风风雨雨之后，这些依然耸立的石雕艺术精品，如今更显弥足珍贵。

图4 -2-5

牌坊上雕龙刻风是惯用的形式，而“二龙戏珠”几乎成为表现龙形象的一种定式，纹样本身寓意吉祥，形式感优美，并且富于变化，适合于各种形状的平面构图。“二龙戏珠”体现的是先民对太阳和图腾的崇拜，其中的“火珠”就是太阳的象征，这应是古人将太阳升起的自然现象与龙相结合在一起的意象创造。

图4-2-6

两座石坊造型相近，只是在局部的内容和形式上有所区别，牌坊坊柱以浅浮雕花草纹样为装饰，纹样复杂精细，形式工整、构图饱满。由于运用浅浮雕形式，也使局部的密集繁缛与牌坊整体的简洁明了形成对比，恰好形成远看整体近看局部，不同距离上有不同的欣赏点。

图4-2-7

从雕刻内容上看两座石坊各有侧重，入口处的石坊体现皇恩浩荡，坊身雕刻以龙、凤的形象为主。墓前的牌坊则是对大公的生平写照，歌功颂德为主要目的，两座牌坊交相辉映，包括陵墓内的石人、石兽以及墓表都体现出萧大公墓的高规格。

这两座石牌坊，雕工精细华丽，整体造型比例尺度和谐，形态挺拔庄重，具有较高的艺术性，是我省现存的明代石坊精品。

二、东阿石牌坊

在东阿县姜楼镇魏庄村内，有一座建于清康熙五十九年（1720）的石牌楼。当地称“节孝坊”，石坊为常见的三间三楼形式，檐下有刻“圣旨”二字的匾额，额枋间的石板上刻有“节孝可风”字样。因所处环境的变化，东阿石牌楼基座的一部分已湮没于地下，现地上部分“楼”的比例占了整个坊身的近三分之一，门洞处显得底矮，穿越明间使人心理上有一种压迫感。民间这类节孝牌楼，背后都有着相同相似的故事内容与情节。

从宋代起随着理学的兴起与传播，统治阶级利用理学巩固礼教加强了对人们思想与行为的控制，尤其对妇女的人性束缚越来越紧，妇女受到礼法条规的种种制约，以“男尊女卑”思想为核心，一生屈从“三从四德”为主要内容的德行规范标准，妇女成为“从人者也”，幼年在家尊从父命，嫁夫后尊从夫愿，夫死后则要从子意。礼教对妇女所教化的从一而终的贞德观，使社会中节妇烈女之风日渐盛行，到明代时统治者则从法规上规定对妇

图4-2-8

歇山顶的正脊两端有吞脊的鸱吻，此坊檐楼下等距离的垂花柱装饰，特色突出，结合垂花柱间的透雕花纹，替代了斗拱的装饰效果，视觉上檐口处理的更简洁更灵巧。大小额枋部分是装饰的重点，主要雕刻龙纹、凤凰、瑞兽等形象。

图4-2-9

额枋与檐口部位的装饰，正间的大额枋也就将坊柱相连成间的横梁，是该枋的中心，所雕三条翻卷的云龙形态也是全坊尺度最大的纹样，构成牌坊的视觉焦点。

图4-2-10

青石雕刻的八只石狮造型简练、动态富于变化，须弥座及露出一半的圆形石鼓，与泰安萧大公墓石件造型有许多的相似之处。

女们守节进行表彰和鼓励，《明会典》中记载："凡民间寡妇，三十以前，夫亡守志，五十以后，不改节者，旌表门闾，除免本家差役。"

在这种大的社会环境下，礼教变成统治阶级奴役妇女的精神枷锁，妇女应恪守妇道严守"三从四德"也得到社会的普遍认同，在人们看来，妇女守节不嫁是天经地义之事。在社会整体的人格被扭曲的情况下，人们漠视妇女的疾苦，反而对立贞洁牌坊本身表现出积极的热情，因为建牌坊的目的早已成为家族和社会的一种荣耀，妇女的贞洁、节孝等只不过是社会上下一冠冕堂皇的借口而已。王朝政府借此宣扬的是封建礼制，维护的是社会应遵循的道德与统治秩序，而家族借此提高门第与声誉，所以建贞洁牌坊至清代达到虚热化程度，成为封建社会末期，畸形社会中的又一大顽疾。

东阿虽地处鲁西平原，但区域内有山，南部隔黄河临泰山山脉，石材资源较为丰富，建牌坊所需的石料为当地的青石。雕刻方法上东阿石牌坊基本采用高浮雕和浅浮雕两种技法，手法粗犷，造型古拙质朴，整体风格协调统一，内容也比较丰富，所表现的云龙、天马、奔鹿动感强烈，草木花卉、珍禽瑞兽等姿态各异。另外该坊的中柱之上每侧分别有三幅浅浮雕装饰图案，包括植物、荷花、飞龙、云鹤等形象，独立构图、对应有序。该坊次间的花板即上下额枋之间的石板上，以及外坊柱的表面都采用卷草连续纹样雕刻，线条雕刻十分流畅，结构严谨，富于装饰性。

三、单县石牌坊

地处鲁西南地区的单县，有着悠久

图4-2-11

精工细刻，华丽精彩使人忘却了生冷坚硬的质地，一切经能工巧匠之手，变的如此完美和不可思义。同时镂雕的细腻精巧与圆雕的概括大气在表现形式上形成对比和相互映衬的艺术效果。

图4-2-12

栩栩如生的狮造像。须弥座的三个立面中间下凹，内以高浮雕形式，雕有动态各异的嬉戏玩耍的幼狮形象。

图4-2-13

牌坊的坊柱和额枋部分的镂雕堪称石作构件的典范。镂雕也称镂空雕，镂空的密度越大，物像的线、面交织和变化就愈加丰富，给人更多的空灵美感。

的历史，传说是因舜帝的老师单卷居住于此而得名，早在秦代设县制，古称单父县。据资料记载，古老的单县地界内，曾有牌坊百余座。时过境迁，如今只剩两座三间五楼形式的节孝石坊，据说也是“文革”时当地以“反面教材”的名义而保护下来的。使我们今天才有幸一睹它的雄伟气势和华丽风采，两座节孝坊在当地分别称做百狮坊和百寿坊。“百狮坊”又名张家牌坊，是“为赠文林郎张蒲妻朱氏建”。建造时间是清乾隆四十三年（1778），“百狮”顾名思义，是指该坊雕刻狮子的形象较多，主要集中在牌坊的坊门前，四个柱子下每个前后各设石雕狮子一组，一共八组，每组由一个大坐狮及其攀附在身上的五个小狮子组成，另外狮座为须弥座造型，座的迎面与左右两侧也分别雕刻两三个数量不等的幼狮形象，这些共同组成百个不同神态的狮子造型。“百狮”也借谐音词“百事”，寓意“百事（狮）如意”。狮子形象在我国民间传统艺术中广受人们的喜爱，尤其在传统建筑装饰艺术中，狮子的形象常占有着重要的地位，从皇家建筑、州府衙门，到达官显贵人家，都能见它的身影，狮子代表着威严与神圣，被看做是一种吉祥的瑞兽，能驱邪震恶，护法扬威。所以常被放置在大门外的两侧，以保家门或一方的平安，同时狮子的形态优美，也具有美化和装饰门前环境的功效。在民间建筑装饰中狮子形象还有憨态可鞠的一面，如狮子滚锈球等形态就体现了祥和喜庆的气氛。

“百狮”坊的柱子与额枋处的雕刻形式主要采用镂雕工艺，尤其是四个圆柱通体布满雕刻，所雕的盘龙形象，昂首翘尾、盘绕弯曲、升腾如飞。工艺上将石材加工成圆柱比方柱要费事的多，何况又要镂雕整个圆柱，这也表现出当时雕刻艺人的高超技巧和深厚造诣。为与坊柱相呼应，部分额枋的表面也处理成凸起的半圆弧形，其中当心间的上、中、下三枋上雕刻图案分别是云龙戏珠和牡丹等形象，特别是中间额枋上的缠枝牡丹在祥云的掩映下花开争艳，其生动的造型和精湛的技艺令人叹服，三枋与坊柱的镂空雕一起构成了整个牌坊雕刻艺术最为精彩的看点，极具观赏价值。

“百寿坊”建于清乾隆三十年（1765），是因其明间两枋之间的挡板边框上雕有百个多变篆体“寿”字而得名。与百狮坊不同的是，百寿坊纹样内容更加

图4-2-14

百寿坊尺度略小于百狮坊，其结构和形式与百狮坊基本相同，百寿坊的雕刻题材选取多种吉祥寓意形态组合，以及各式几何纹样，珍禽花卉、绕柱盘龙、祥云鸾凤雕刻生动逼真，精湛的工艺令人玄目。

图4-2-15

百寿坊的雕刻，也以坊柱以及额枋等部位为装饰重点，融各种雕刻技法于一体，并凸显龙的形象，局部的精雕细琢与柱、枋规整的外形轮廓相统一，体现了高超的雕刻技艺。

图4-2-16

该牌坊檐口下的石构件造型，构思巧妙，为石坊增色不少，不仅如此，牌坊的整体雕刻工艺和表现形式，给人印象深刻，这也使晚建13年的百狮坊深受其影响，在结构、形式以及整体艺术表现风格上都有百寿坊的影子。

丰富，有盘龙的坊柱，有凤纹额枋、云鹤纹与牡丹纹额枋等。另外两座石坊的檐楼和斗拱部分处理相似，都十分精彩，从雕刻手法看，集中体现了圆雕、镂雕、浮雕、平雕等多种表现形式，并能做到刚柔相济，细腻逼真，繁而不乱，达到内容与形式的有机结合，局部与整体的完美统一。如檐口下的兽形座斗与莲花形拱件，构思巧妙，造型优美独具匠心，增添了檐口的生动变化，为石坊的整体表现锦上添花，丰富了牌坊的装饰效果。该牌坊整体高大宏伟，也透着一股逼人的富贵荣华之气。百寿坊是为当时单县的首富朱叔琪之妾孔氏而立，因其守寡几十载，死后受到乾隆的降旨旌表。朱家财大气粗，据说亲家又是曲阜孔家，所建牌坊自然不惜工本，只求震撼。

四、苍山庄坞刘氏牌坊

庄坞刘氏牌坊（见图4-2-17），建于清嘉庆年间，是当地杨姓家族，为杨家媳妇刘氏守节终老所建的贞洁牌坊，当地的杨姓人家，传说是宋代名门杨家将的后裔，明朝年间来此定居。牌坊用当地青石雕凿建成，形式为三间三楼式，与常见的牌坊不同之处在于，该坊的四根间柱下，前后各置的是门神和菩萨雕像，这种形式处理在牌坊中十分少见。

神与菩萨在民间信仰中占有重要地位，以往所说的庙最早实际就是专为敬神

图4-2-17

刘氏牌坊虽然局部多有残破，但依然矗立在杨家的祠堂旧址前，原先也作为进入杨家祠堂的礼仪性大门入口，表现出牌坊这种传统建筑形式，所具有的特殊性、和多重的用途与作用。

图4-2-18

年画门神中秦琼、尉迟恭的形象广为人们所熟悉，但这种石雕门神形象并不多见。从保存基本完整的尉迟恭雕像看，造型古朴，具有强烈的装饰韵味，人物神情端庄，姿态生动，铠甲衣摺表现充分。与年画门神相比在形象塑造方面有着许多共同点。

图4 -2-19

四尊菩萨像受损严重，坐骑还基本完整，可以分辩出这是骑着白象的普贤菩萨。自佛教传入中国后，对菩萨的信仰在民间十分广泛，普贤菩萨就是人们信奉的佛教中的四大菩萨之一。该菩萨雕像衣着为宽袍大袖线条雕刻优美，整体形象十分潇洒飘逸。

图4 -2-20

手托莲花骑“望天吼”的观音菩萨，观音菩萨的形象由来已久影响巨大，民间观音的各种造像也最多。封建社会中不仅寺庙中有观音像，寻常人家也常供奉着观音像，人们信奉观世音菩萨有求必应、以慈悲为怀，遇事求菩萨保佑，是人们心中常有的希冀，所以民间观音菩萨的信众最多，影响最大。

图4-2-21

牌楼的额枋上前后面有精细的镂雕、浮雕，题材分别有“二龙戏珠”、“凤凰牡丹”、“仙人驾云图”、“仪仗出行图”等。

图4-2-22

骑青狮的文殊菩萨，佛教中智慧的化身。还有一尊是骑“独角兽”（地听）的地藏王菩萨。该坊的菩萨雕像尺度不大，但造型浑厚整体感强，细部处理简洁概括，与额枋的浮雕风格形成鲜明对比，使得石坊的雕刻更显形式多样，不受程式的约束。

而建的，而“寺”最初是中国古代官署的称谓，自佛教传入我国之后，寺逐渐成为各地兴建的佛教建筑的专称，寺也是出家人的修行之所。寺院里供奉着佛像和菩萨之像，佛教中菩萨的地位仅此于佛，对菩萨的信仰在民间十分广泛，封建社会时期普通百姓中吃斋念佛者宜不在少数。

该坊的体量与同类石坊比略显单薄，歇山式屋顶，坊体比例协调。明间额枋上的精细镂雕是全坊雕刻的重点，工艺精美，细致生动。此外，该牌坊的楹联书法雕刻也十分精湛，颇具“瘦金体”的神采和功力，有阴刻也有阳刻，刚健遒劲，章法有度，是书中上品。在雕刻内容和形态塑造上，这类节孝牌坊都比较突出龙的形象，封建社会中龙是帝王的象征，皇家的一切也都与龙联系在一起，龙成为皇家的专属形象，所以皇家建筑上一定会有龙的形象，但不是说有龙的所有建筑就一定是皇家建筑，民间的牌坊之所以有龙的造型存在，而且将龙的形象作为主要的装饰纹样，应与建牌坊需要得到皇上的恩准有关。目前见到的所有节孝牌坊，包括其他类型的牌坊上都有“圣旨”、“圣恩”或“敕建”等字样，表明是得到皇上的准许而建造的，故将镌刻“圣旨”等字的石匾高高置于牌坊正楼檐口下，以示尊崇。既然是奉旨所建牌坊，龙的形象自然就必不可少，因此可以说有龙的建筑多少都与皇家有关联。

五、桓台“四世宫保”牌坊

传统的建坊材料有石材、木材、砖砌、琉璃等，目前以石雕牌坊最为常见，也是各地现存牌坊中数量最多的一种，在乡间村头常有其身影。木牌坊以往多出现在城市的街道上和署衙门前，琉璃的是牌坊中的高级形式，属皇家专用，民间不可

图4 -2-23

“四世宫保”牌坊素雅端庄，比例匀称。砖券圆拱形坊门，歇山屋顶，体量庞大，高近15米，当街矗立，突显其磅礴的气势。青石砌筑的基座古朴大方，坊门前的石狮造像成为多数牌坊的构成元素，下部须弥上侧立的鼓镜则是明清时期石构件的常见式样。

图4 -2-24

斗拱是我国传统建筑中最具特色的一种结构构件，是我国民族建造工艺的杰出成就。斗拱既有承重作用，又具有装饰功效，在运用时则受封建等级制度的制约，一般百姓的宅居则不能随意使用。“四世宫保”牌坊的砖拱雕刻繁密精细，令人赞叹。

越矩。而砖砌的牌坊则比较少见，在江浙和皖南一带民居中，常有砖砌的贴墙牌坊门形式，极具装饰效果。

桓台的“四世宫保”牌坊，坊高约15米，宽9.2米，是目前省内尚存的唯一的一座明代砖牌坊（图4-2-23），据史料记载，该坊始建于明朝万历四十七年（1619），是旌表当时的兵部尚书王象乾及其王家祖上四代人，对大明朝的耿耿忠心和建立的显著功绩。砖坊气势宏大，庑殿式檐楼，坊体的砖雕细腻壮美。砖雕是我国传统民居建筑中三大雕刻形式之一，砖雕首先要求砖的质量要高，从泥土的选择到烧制，以及其后的打磨、上样、刻样、打坯、出细到磨光，有一套规范的程序，“四世宫保”牌坊的砖雕与坊体砌筑工艺相结合，精湛的雕工，各种装饰造型，花草鸟禽，云龙瑞兽，皆表现的神采奕奕，次间壁柱上的人物雕刻，独具一格，人物造像仪态端庄，神情专注，站立云头颇有仙风道骨之气。与石牌坊不同，砖砌的“四世宫保”牌坊不是靠落地柱承重，而是建有三个拱形门洞，门洞进深3米以上，中间一个较大，以往可以通过行人或车马，两边的小拱门建在巨大的石基座上，不具备通行的功能。拱形结构能承受比平板结构更大的压力，这一特点在古时的建筑结构上早已广泛运用，从古代跨度较大的石桥到城墙的门洞，都运用拱形结构，拱形结构对基座要求，是在负重状态下既能承受垂直的重力压迫也能抵抗水平的推力。看一下“四世宫保”牌坊的坊门支座，就不难理解这些了。砖坊的三个拱门有精致的砖雕券边，纹样是常见的“二龙戏珠”，这也是该坊上为数不多的龙的形象，相比别的牌坊上突出的龙形装饰雕刻，这座砖砌牌坊上的龙则少了许多，不仅如此，砖坊的装饰纹样雕刻，在尺度上也较小，没有石坊那种高浮雕与镂雕相结合的大尺度的雕刻。而是根据材料的特点，采用拼接、镶嵌等方法组成完整的图案纹样，体现了砖雕的细密和精巧，各种装饰纹样被有序的组织在一起，结合砖的砌筑形式构成有的肌理效果，牌坊立面不仅显得精美华丽而且条理分明。砖坊的整体虽显势大身沉，但一点也没有臃肿之态。

图4-2-25

“四世宫保”牌坊精湛的雕工，装饰性的禽鸟瑞兽与草花纹边等，将牌坊装点的异常精美瑰丽，再就是次间壁柱上的人物雕刻，独具一格，人物造像姿态端庄，面部表情丰富，站立云头颇有仙风道骨之气。

“四世宫保”牌坊的另一特色在于其砖雕斗拱，仿木结构的砖雕斗拱，特性突出、工艺复杂，有很好的装饰作用，其优美的立体形态使檐楼的整体效果显得更加雄浑壮丽，同时斗拱雕刻将檐口部分垒叠组拼的密不透风，加强了牌坊整体的厚重感，这与石牌坊的檐楼部分处理形成鲜明

图4-2-26

草龙纹形态加篆字“寿”，是慈孝坊的主要装饰形式，坊上各种篆体的寿字雕刻，犹如一方方印章盖在图案纹样之上，丰富了纹样的含义，增强了表现力。

对比。由于材料和结构的不同，石牌坊的檐楼部分多为通透轻巧的结构形式，这样做一是为了美观需要，将檐口部分简化，使檐楼看上去更加轻盈，二是出于结构安全需要，由于牌坊建筑的特殊体型，减轻坊体的重量，是必须考虑的问题，其次这种结构形式也能有效地减少风压对坊体的影响（用现代建筑术语就是“风荷载”对建筑结构的影响），从这一点上就反映出传统建造工艺之水平，并可见古代工匠的聪明才智。

六、济宁慈孝兼完坊

济宁市翰林街上有一座清乾隆二十一

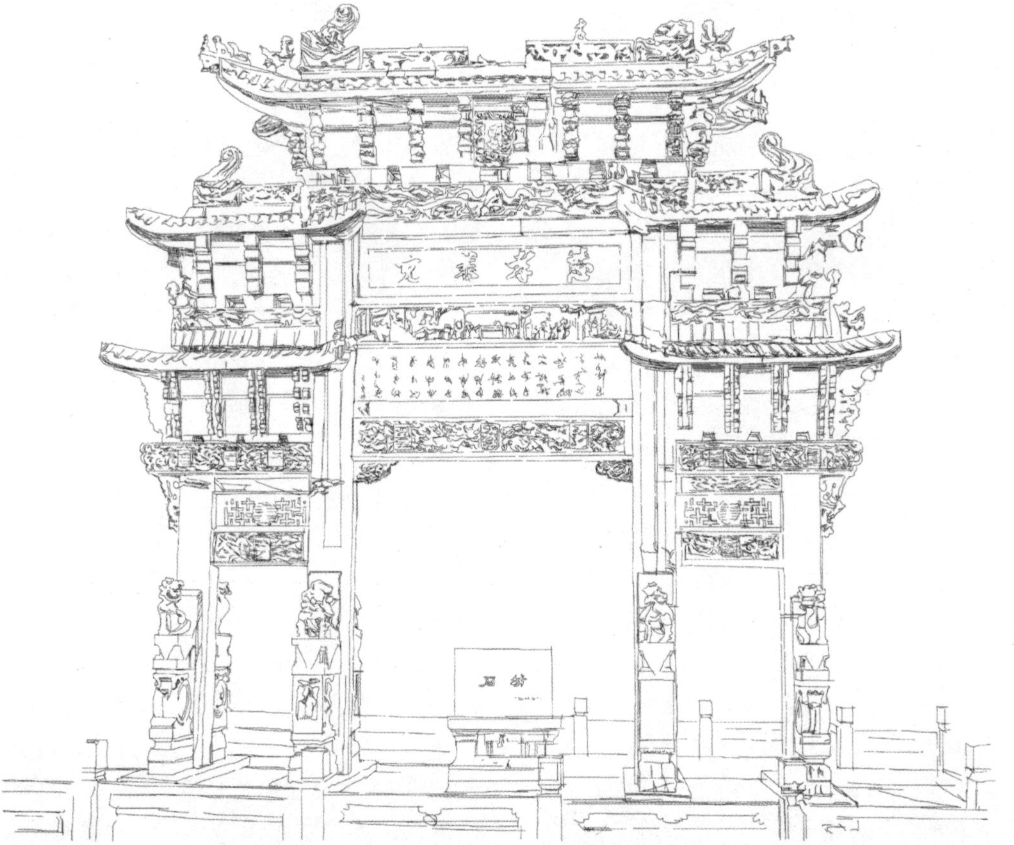

图4 -2-27

慈孝兼完坊上的雕刻，主要集中在额枋部位，并以浅浮雕为主，坊柱上没有图案纹样，只有中柱上有两副对联。牌坊整体形态舒展、大方，装饰手法颇有特色。（注：该图为石坊修复前的状态）

年（1756）所建的石雕“节孝坊”，明间两枋间的石板上镌刻的文字表明该石碑坊系“旌表诰赠奉直大夫王怀远之继妻诰赠宜人孙氏节孝布政司理向加二级男浚冢孙监生世隆监造”。石坊为四柱三间五楼形式（见图4-2-27），飞檐翘角，坊体雕刻技法娴熟、形式优美，内容有教化类的人物故事，吉祥类的花草寓意图案，和条边形的草龙纹饰。明间中柱两侧刻有对联，其中一面刻有“天姥三贞垂万古，女宗九烈表千秋”。这样的溢美之词在牌坊上经常可以见到，建一座牌坊必是汇集了许多人的心智与劳动，这里面不仅会有专业的工匠，也会有名人雅士前来助兴，既然是荣耀之事，众人自然愿意相帮，这也反映了当时社会对建坊重视。牌坊整体近乎正方形的比例关系处理，使其造型显得大气沉稳，而该坊的正楼体量硕大，较一般石坊檐楼尺寸比例也要大出许多，与次楼一起营造了突出的视觉效果。正楼下的额枋上有高浮雕与镂刻结合的“二龙戏珠”造型，为突出龙的形象，特意将龙首加大，使人仰头观望时能清晰地分辨出昂首跃身的龙态。石坊前后两面的中间额坊上雕刻人物故事场景，长方形的构图打破空间限制，将不同的场面层序分明的组织在一起，形成一幅生动的画面，所雕刻的人物、植物、动物和建筑等，特色鲜明、相互关联，富有情节变化，充满生活情调。

与其他石牌坊的雕刻形式和表现内容相比，该石坊在表现内容和形式上显得相对统一，雕刻是以浅浮雕式的图案纹样为主，极富平面装饰性，纹样以草龙纹（也有称夔龙）形态加篆字组成。夔龙是一种古代传说中的怪兽，，也属龙族，只有一足，《说文》中称其为“如龙一足”，在商周时期的青铜器上，夔龙纹是主要的装饰纹样之一。在传统建筑彩绘中常用龙纹样作装饰，龙的基本形象有多种变化，清式彩绘图案的草龙纹，则强调了龙身如植物枝叶般展开，使草龙纹有近似龙的首，身子却像枝叶或卷草纹，结构形态似龙非龙，且身形可根据构图需要变化多端，造型有比较大的灵活性，十分适合作装饰纹样。石坊这种用草龙形态加篆字的装饰方法，十分巧妙，草龙身形翻卷的曲线与篆字的折线变化相呼应，曲线的优雅与折线的规范、形成动静结合，使线条更富于节奏感，给人一种秩序的美。

石坊门前雕刻的八只石狮固牢坊柱石及其底座，也是重要的装饰构件。明间两侧中柱前后的四只狮子，背驮造型不一的武士，次间边柱前后的四只狮，一对是带仔兽的母狮形象，一对则是嬉球的公狮。牌坊的细部雕刻简洁生动，注重不同形态的对比组合，如须弥座的造型与明代泰安萧大亨牌坊须弥座的造型如出一辙，只是其造型更加概括，省略了许多烦琐的装饰纹样，显得更加纯厚。慈孝兼完坊的建坊石材属于灰岩类，经长年的风吹雨淋和人为因素的损坏，牌坊局部有残缺，部分表面出现裂隙。2009年有关部门对石坊进行了全面整修。

七、安丘庵上坊

庵上石牌坊，因安丘市庵上村而得名，根据牌坊上的匾额和题跋得知，石坊建于清道光己丑年，也就是公元1829年，该坊原为旌表该村马若愚之妻王氏所建，是一节孝牌坊。 石坊高10米左右，宽9.3米，四柱三间三楼形式，石牌坊东西向坐落，通体石灰岩建造。石坊的檐楼为庑殿顶形式，正楼、次楼的正脊两端为龙尾（龙吻）脊头，垂脊上下以及端头都雕刻

图4-2-28

庵上坊的云龙雕刻体现了工匠的高超技艺，所雕之龙神形俱佳，而七条抖动飞腾的云龙，气势更加雄健。单从数量上看，民间牌坊一组能雕刻七龙，也算是得益于皇恩浩荡。古时的阴阳学说，以事物运动变化和对立统一的规律来揭示物质世界的本质，将关联的事物归结为阴与阳的相互关系。天与地、日与夜、水与火、雄与雌等等，同样数字中的奇数为阳，而九是奇数的最高，故而九数常与帝王联系在一起，成为帝王的专属数字。

图4-2-29

石坊的花卉雕刻采用高浮雕的写实手法，立体感强，形态逼真，特别是表现牡丹和荷花的两幅雕刻，将怒放的牡丹形象刻画的淋漓尽致，层层的花瓣细薄的能随风摆动一般，荷花亭亭玉立，荷叶卷曲翻转，叶脉清晰可见，十分动人。所雕花卉构图上体现了中国画的表现方法，利用“留白”扩大了空间意境，让人有气象开阔之感，风格上既有写实的工细，又有写意的概括。

龙首做装饰，不同形态、不同方向的龙首，为该石坊檐楼所独有，极富表现力。明间朝东和面西的横匾上，分别刻有“节动天褒”和“贞顺流芳”字样，环绕四围的是云龙镂雕纹样，造型复杂，是该坊雕刻最细密、雕工最精美之处。两侧次间的大小额枋上以花卉、动物做装饰，有象征富贵的牡丹、清洁无瑕的荷花，高洁、坚强的梅花和代表长寿的菊花，以及“太平有象”、太师（狮）太保等，高浮雕结合镂雕的雕刻手法，使各种形态都十分生动传 神。明间的中柱东西两侧浅浮雕雕刻八仙人物，每组两人，东面分别是韩湘子、何仙姑，张果老、吕洞宾。西面是铁拐李、曹国舅，蓝采和、汉钟离，雕刻巧妙地借用八仙不同的道具点明了各自的身份，丰富了人物形象，个个显得神采飞扬，又各具性格特色。此外在中柱的内侧还有一对守护的门神形象，腰悬宝剑手持一长柄楞锤，昂首站立，而头顶盘旋的蝙蝠，也似乎寓意着驱魔辟邪后福运的到来。

庵上坊的明间中柱下有四组石狮子，狮子造型用在牌坊的夹柱石上比较常见，既体现了兽中之王的威严又有权力的象征，还有家族人丁兴旺的含义，虽然在封建社会中受等级制度的限制，百姓人家门前不能用狮子形象作装饰，但立牌坊则体现皇恩浩荡，是光宗耀祖的大事，自然用狮子来守门了。该石坊的狮子造型刚劲威猛、神情恣意张扬，幼狮造型充满情趣，一动一静对比强烈。除此以外夹柱石一侧的“耕读渔樵”四幅民俗场景雕刻，具有强烈的生活气息，溪边的小舟与月下对饮的渔夫，河边歇脚的樵夫……让人不禁想起我国传统农耕社会中，人们的生活方式，和归隐的士大夫所向往的田园生活场景，“耕读渔樵”就是这一从容淡定的人生境界的写照。牌坊基座部分以浅浮雕祥云蝙蝠图案为装饰，构图饱满，强调平面感，表现手法简练概括，并与坊身主体雕刻形成对比效果，使牌坊整体的艺术表现力，重点突出，层次鲜明，更加具有节奏变化。

纵观庵上坊充分体现了民间工匠的才能与智慧，全坊集人物、山水、花卉、珍禽瑞兽等于一体，内容精彩、形象完美。而在工匠的精心组织下，一切都安排的井然有序，首先人物是依托故事情节来体现，从八仙、门神到“耕读渔樵”，

图4-2-30

牌坊上雕刻人物并不少见，但庵上坊的人物雕刻，更具有情节感和故事性，而且人物的尺度较大、数量也多、形象的塑造生动传神，这些都是同类牌坊上少有的。其中八仙和门神的造像尤为引人注目，人物表现运用浅浮雕形式，注重造型的结构、轮廓以及神态与动态的完美表达。门神身着铠甲手持兵器，神情威武，八仙手拿法器，衣袂飘飘，神采飞扬。

图4-2-31

牌坊的次间边柱前后设置有很强装饰效果的双抱鼓石，同时兼具加强坊柱的稳定性作用，两组抱鼓石的外侧鼓面分别雕刻梅、兰、松、菊，整组图案工细规整，如白描画作。

人与神、神与物，有传说有对生活的向往，题材内容可谓耳熟能详，家喻户晓，容易让人理解，细细读来个个背后有说不完的故事。对于花卉除强调传统的吉祥寓意之外，还注意通过花的四季变化，将所表现的主要花卉有序地展开，春风得意的牡丹，夏日里盛开的荷花，叶舞秋风的菊花，傲雪的梅花，展现在人们面前的是一幅四季有花的世界。从雕刻艺术表现形式看，庵上坊也是各种雕刻技法的结合体，而且技艺娴熟，无论是具有写实效果的花卉，写意性的山水，装饰性的人物，都显示出令人赞叹艺术魅力，全坊虽然通体雕刻，但繁而不杂，细而不腻，美而不俗。布局安排疏密得当，张弛有度，主次分明，使人观后，难以忘怀。

图4-2-32

当神化的龙形象被世俗化以后，龙族就变得异常丰富，这也是龙文化发展过程中的必然，因为“龙”的产生本身就是一种创造性的产物。龙可以往来天地之间，呼风唤雨，无所不能，封建帝王视龙为权力的象征，而另一方面百姓崇龙、喜龙认为龙是吉祥神兽，只要与龙有关的民俗活动总是隆重、热烈。

后记

建筑尤其是传统建筑，在现代城市中代表了城市的历史与文化积淀，古老的建筑是在长期的积累中逐渐成为一个城市或地区的特有风貌的，就像一处处景致给人留下深刻的记忆。而民居由于量大面广，是其中的主体，虽然多数情况下，民居就像建筑中的“士兵”一样，命运不在自己手中，在天灾人祸面前，最先倒下去的往往就是“士兵”。当今城市化建设速度加快，使以往的记忆载体正在被不断地抹去，取而代之的是各地城乡中面貌焕然一新的居民小区和乡村间整齐划一的新农家，传统的民居建筑越来越难觅踪迹。伴随着时代的发展，社会的进步，传统民居所具有的地方风格与特色已逐渐被淡化，而现代的人们早已走出祖辈封闭的生活环境，离开传统的居住形式和生活方式，日益融入到现代都市生活圈中。地域性的民俗文化传统正被现代文化的强势所掩盖，传统民居的生存现状犹如“破窗效应”，时时在传递一种不良信息，使其容易遭受更大的损坏，毕竟对于老旧的房屋，拆除重建比修修补补要来的干脆彻底，而且具有明显的时效性。如今，许多地方甚至只能在“民俗游乐园”之中方能一睹其传统民居的本来面目，多数地方的传统民居能幸存下来似乎只限于名人的故居、城市中的一条街，或是被游人发现的某个偏僻的山村等。传统民居建筑不仅是一个区域一个时代的缩影，更蕴涵着丰富的民俗文化传统，是一个民族厚积传承的文化现象的综合反映，对于前人留下的这份宝贵的民俗文化资源，保护与发展问题一向是受关注的焦点，如何实现与现代文明的对接，并在城乡规划建设和设计中充分体现当地传统民居建筑的特色；如何使传统的风格形式与现代设计理念相结合，适应现代环境与现代人的生活需要，使其能成为与现代生活环境相得益彰的人文传统特色区域，服务于现代城市社会的人们，这些问题都值得我们去认真思考。

齐鲁民居风格多样，民俗民情特色鲜明，文化积淀深厚，面对如此丰富多彩的居住文化，不只是建筑专业的学者，各相关专业的学人都应有自己肩负的社会和历史责任。

受自己能力和时间所限，对民居户牖资料的收集、考察、研究虽然在多年的环艺教学中积累了不少，但总是觉得工作才开始，还有许多的点没有深入，面也不够广，内容论述也许还存在偏颇之处，不过俗话说“万事开头难”，既然打开了民居研究的这扇“门”，就决心走进去……为此也希望能够得到专家学者的不吝指正。

本书中的照片大部分是2008年以后所拍摄，是由作者本人和学生们共同完成的。书中的插图是由我和我的研究生绘制。在《和谐栖居——齐鲁民居户牖》撰写过程中，得到山东建筑大学张建华教授的细心指正，同事许大海博士对本书的文稿提出许多好的意见建议，孙照峰、郑军、黄兆成、王东旭几位教师热情相助并提供文字与图片资料，山东美术出版社的信奇主任在出版中给予大力帮助，正是有诸位专家、同仁和学子们的热心支持，本书稿才得以顺利成书，在此一并表示衷心的感谢！

张　勇

2011年6月

主要参考书目:

[1] 朱正昌主编．齐鲁特色文化丛书民居［M］．济南：山东友谊出版社，2004年.

[2] 梁思成．中国建筑史［M］．天津：百花文艺出版社，1998.

[3] 王其钧．古雅门户［M］．重庆：重庆出版社，2007.

[4] 梁思成．清工部·工程作法则例［M］．北京：清华大学出版社，2006.

[5] 张润武，薛立．图说济南老建筑［M］．济南：济南出版社，2007.

[6] 潘谷西主编．中国建筑史［M］．北京：中国建筑工业出版社，2004.

[7] 王其明．北京四合院［M］．北京：中国书店，1993.

[8] 田永复．中国园林建筑施工技术［M］．北京：中国建筑工业出版社，2003.

[9] [清]计成原著．赵农注释．园冶图说［M］．济南：山东画报出版社，2003.

[10] 李宏生，王林主编．山东通史·近代卷［M］．北京：人民出版社，2009.

[11] 全国政协文史和学习委员会，山东省临清市政协委员会．运河名城·临清［M］．北京：中国文史出版社，2010.

[12] [东汉]王允原著．陈建功，蒋骥骋．白话论衡［M］．长沙：岳麓书社，1997.